椰子新品种
"文椰5号"适配关键技术

孙程旭　曹红星　余凤玉　编著

中国农业科学技术出版社

图书在版编目（CIP）数据

椰子新品种"文椰 5 号"适配关键技术 / 孙程旭等编著 . -- 北京：中国农业
科学技术出版社，2023.12

ISBN 978-7-5116-6592-8

Ⅰ.①椰… Ⅱ.①孙… ②曹… ③余… Ⅲ.①椰子 – 果树园艺 Ⅳ.① S667.4

中国国家版本馆 CIP 数据核字（2023）第 231259 号

责任编辑	李　娜　朱　绯
责任校对	马广洋
责任印制	姜义伟　王思文

出 版 者　中国农业科学技术出版社
　　　　　北京市中关村南大街 12 号　　　邮编：100081
电　　话　（010）82106626（编辑室）　（010）82106624（发行部）
　　　　　（010）82109707（读者服务部）
网　　址　https:// castp.caas.cn
经 销 者　各地新华书店
印 刷 者　北京建宏印刷有限公司
开　　本　170 mm×240 mm　1/16
印　　张　12.75
字　　数　228 千字
版　　次　2023 年 12 月第 1 版　2024 年 4 月第 1 次印刷
定　　价　98.00 元

《椰子新品种"文椰 5 号"适配关键技术》
编 著 人 员

主　　编：孙程旭　曹红星　余凤玉

副 主 编：李朝绪　薛　荟　邢春玉

编写人员（按姓氏笔画排序）：

马雪静　宁夏大学

邢　斌　文昌市图书馆

邢春玉　天津天狮学院

孙程旭　中国热带农业科学院椰子研究所

李梦滢　云南农业大学

李朝绪　中国热带农业科学院椰子研究所

余凤玉　中国热带农业科学院椰子研究所

陈伟文　海南省林木种子（苗）总站

侯明明　河南大学

袁　琼　云南农业大学

唐庆华　中国热带农业科学院椰子研究所

黄汉驹　昌江黎族自治县现代农业发展服务中心

曹红星　中国热带农业科学院椰子研究所

阚金涛　中国热带农业科学院椰子研究所

薛　荟　海南省林木种子（苗）总站

本书得到"'文椰 5 号'品种培育及其配套关键技术研究与示范(琼〔2021〕TG 05 号)""鲜食椰子新品种'文椰 5 号'的选育研究与示范(ZDYF2019040)""文昌市'文昌椰子'农业品牌建设资金"资助。

前言

　　椰子（*Cocos nucifera* L.）是棕榈科椰子属作物，分布于热带和亚热带 90 多个国家和地区，在人们的生活和经济社会发展中发挥了重要作用。椰子种植历史悠久、种植范围广，主要分布于印度尼西亚至太平洋群岛、亚洲东南部地区；集中在非洲、拉丁美洲、亚洲及赤道滨海地区。从世界来看，椰子种植面积和产量总体呈现稳定趋势。2001—2020 年，世界椰子种植面积为 1 079 万～ 1 185 万 hm²、产量为 5 701 万～ 6 337 万 t。目前，菲律宾、印度尼西亚、印度是世界三大椰子生产国，种植面积分别占世界总种植面积的 31.54%、23.93%、18.6%，产量分别占世界总产量的 23.55%、27.35%、23.89%。印度尼西亚椰子产量位居全球第一。椰子三大主产国在种植面积和总产量上都保持了领先的地位。

　　在我国，椰子种植已有 2 300 多年的历史，种植区域主要分布于海南、台湾、云南、广东、广西等地区。而海南的椰子种植面积和产量均占全国 98% 以上，有完整的产业链。据不完全统计，海南省共有椰子加工企业 400 多家，相关产品 200 多个，从业人口 200 多万人，逐渐形成了"椰树""春光"等一批知名品牌，年产值超 200 亿元。

　　本书共分为八章，由孙程旭、曹红星、余凤玉主编，李朝绪等参编。第一章至第五章由孙程旭、曹红星、薛荟等编写，第六章、第七章由孙程旭、邢春玉等编写，第八章由李朝绪、余凤玉等编写。全书由孙程旭、曹红星统稿。本书主要介绍了椰子概况、新品种培育、椰子关键适配技术、产业发展等内容，引用了国内外公开发表的科学论文和出版书籍，在编写过程中对相关文献资料中的术语进行了规范。全书注重理论与实践的结合，既有翔实的理论知识，又有实际的规程和标准；既有文献报道，又有检验检测结果，可为椰子产业的相关从业人员提供参考。在此对相关编著者一

并表示衷心感谢!

　　由于作者水平有限，编写过程中难免有不足之处，恳请广大读者批评指正。

编　者

2023 年 5 月

··● 目 录

第一章

椰子简述与我国椰子发展概况

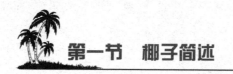

第一节　椰子简述

一、椰子起源和发展

（一）起源之说

Cocos nucifera 这一科学名称是林奈于 1753 年命名的，是棕榈科椰子属中唯一的一个种，是热带地区重要的木本油料经济作物，主要分布在 23°S ～ 23°N 的地区。

目前关于椰子起源的说法不一，椰子树的故乡在亚洲热带地区，它的起源中心地在太平洋的美拉尼西亚群岛和新西兰等地，考古学家曾在那里的冲积层内发现 100 万年以前的椰子化石。库克根据中美洲好几种语言中都有"coco"一词认为椰子起源于美洲；而比卡里则根据亚洲、太平洋地区的椰子品种远多于美洲，认为椰子起源于亚洲。椰子在 20°S ～ 20°N 之间的热带地区均有分布，主要生产国为菲律宾、斯里兰卡等。中国有 2 000 多年的栽培历史，《史记》中已有相关记述。主要分布地区为海南省文昌、三亚、琼海等地。迄今为止，关于椰子的起源，尚无定论。

（二）椰子发展历史

世界椰子的发展具有悠久的历史，考古学家曾在太平洋的美拉尼西亚群岛和新西兰等地的冲积层内发现 100 万年以前的椰子化石。在距今 4 000 年左右，居住在亚洲东南部海岛的人们已经驯化并种植了椰子树。椰子树的果实是著名的"航海家"，其不透水的外壳很轻，中果皮是充满空气的棕麻般的纤维组织，椰果的这种构造对它漂流航行十分有利。千百年来，野生的椰子树就是利用这种自然传播的方式，游遍热带沿海岛屿海岸，在那里繁衍子孙，后来又在人类的精心培育下，迅速发展成为如今大面积种植的椰子树。公元前 2000 年左右，在印度尼西亚、马来西亚、新加坡以及太平洋星罗棋布的海岛上，已经遍布浓郁茂密的椰林。椰子成为人们的食物并可用于制作日常生活用品。大约在公元前 10 世纪后，椰子树传播到印度，并在那里发展成为椰子树的次生起源中心。公元前 10 世纪至公元前 1 世纪，椰子树陆续在非洲东部的马达加斯加、坦桑尼亚、肯尼亚、索马里、埃塞俄比亚等地安家落户。

在距今 2 500 年前的埃及古墓中发现了炭化的椰壳、扇形的椰叶和塔形的树干，以及一幅有 170 多株椰子树的公园图画。古埃及人种植椰子树除采收果实外，还大量地利用它那高大坚韧的树干作为建筑材料。公元前 1 世纪至公元 3 世纪，椰子树被引种到缅甸、泰国、柬埔寨、越南、菲律宾等地。公元 15 世纪，哥伦布发现新大陆时，发现在巴西、委内瑞拉、墨西哥、古巴等地也生长有椰子树。一种说法是，在 15 世纪以前，亚洲沿海的椰果随着海洋的流向绕过好望角到达非洲西海岸，再从那里漂流到美洲的热带地区；另一种说法是，南美洲热带地区古来就已经种植椰子树，也是椰子树的起源地之一。19 世纪前期，由于新的交通航线的开辟，椰子在欧洲市场上变得非常普遍，但作为种植业则在 19 世纪 40 年代才开始。此后，椰子产品生产国和消费国的范围不断扩大。

二、椰子植物分类及形态特征

（一）植物分类

椰子属（*Cocos*）是被子植物门（Angiospermae）单子叶植物纲（Monocotyledoneae）棕榈目（Arecales）棕榈科（Arecaceae）中的一个属。而棕榈科是单子叶植物中最古老的类群之一，是在被子植物出现不久就已存在的，迄今已发现大量化石。人们普遍认为，棕榈科的祖先种可能在石炭纪时，自原始裸子植物开顿目（Caytoniales）在分化、衍生出苏铁目祖先种的进化干上，于白垩纪时分化出的一个分支。棕榈科原始种类多具有单干、不分枝、极少有不规则的分叉、茎的髓心大、花雌雄异株、花序异型等特点。

根据植物形态特征，棕榈科下分为 5 个亚科，槟榔亚科（槟榔族、鱼尾葵族、椰子族）、糖棕亚科（糖棕族、贝叶棕亚科、贝叶棕族、刺葵族）、贝叶棕亚科鳞果亚科（省藤族）、水椰亚科。椰子属隶属于较进化的槟榔亚科，在第三纪中后期出现于亚洲。一般认为，椰子属仅有椰子一个种，但有不同的栽培变种或品种。椰子的详细植物分类见表 1-1。

表 1-1　椰子的详细植物分类

类别	名称
域	真核生物域 Eukarya
界	植物界 Regnumvcgetable
门	被子植物门 Angiospermae

第一章　椰子简述与我国椰子发展概况

类别	名称
纲	单子叶植物纲 Monocotyledoneae
目	棕榈目 Arecales
科	棕榈科 Arecaceae
属	椰子属 *Cocos*
种	椰子 *Cocos nucifera* L.

（二）形态特征

椰子属于多年生常绿乔木，是热带地区的象征树种。高种椰子树高可达 30m，矮种椰子树高达 15m 以上，经济寿命为 40 ～ 80 年，自然寿命长达 100 多年。

1. 根

椰子属须根系植物，由不定根与各级支根（营养根）及呼吸根组成。从树干基部球状茎呈放射状生长出的根称不定根，一般粗细不超过 1cm，没有形成层，粗细大致相同，长度通常为 5 ～ 7m，最长可达 25m 以上，数量在 2 000 ～ 10 000 条，具体视土壤条件而定。不定根大多数生长在 1 ～ 1.5m 深的土层内，近水平分布。从不定根生长出侧根，分根，再分根，总称营养根，多分布在树干基部半径 3cm，深 20 ～ 50cm 的土层中，组成庞大的根群（图 1-1 至图 1-2）。

图 1-1 不同椰子根系（孙程旭 摄）

图 1-2 椰子气生根（孙程旭 摄）

2. 茎

椰子具有高大的树干，树干可高达30m，直径可达40cm，高种椰子树在植后4～5年树干方露出地面，矮种椰子树种植3年树干便开始露出地面（图1-3）。高种椰子树树干基部膨大称葫芦头，矮种椰子树没有此现象。树干上有老叶脱落后留下的轮状叶痕，树龄可根据树干叶痕数加上叶片数除以12片叶再加上露干前的年数来估算。椰子树树干的生长是依靠树干顶端分生组织不断生长分化实现的，顶端分生组织细胞具有强烈的分生能力，由于它的分裂以及初生组织伸长形成新的树干组织。椰子树的树干分为两层，外层约1cm厚的称树皮，内层没有形成层，由纤维束构成，维持着植株的营养运输功能。椰子树树干随着树龄的增加而增高，但增高量逐渐下降，25龄左右椰子树年增高量约50cm，40龄以上年增高量10～15cm。

椰子树树干不能随着树龄增加而增粗，但树干在形成过程中受土壤营养状况、水分含量和其他气候条件的变化而发生变化，部分椰子树树干粗细不匀就是受生长条件影响的结果，而这种粗细不匀情况在一生中是不能改变的。椰子树只有一个独立的树干而不产生分枝，侧芽只产生花序，顶芽为仅有的营养芽，一旦顶芽遭受破坏，整棵植株将死亡。

高种椰子茎   矮种椰子茎

图1-3 椰子茎部（孙程旭 摄）

另外，有些椰子树在立地环境的影响下，椰子树干也有不同的形态出现，这些都是椰子树适应环境的体现（图1-4和图1-5）。

图1-4 椰子膨大茎（孙程旭 摄）

图1-5 椰子丛状茎（孙程旭 摄）

3. 叶

椰子树小苗的叶片为船形单叶，长出 8～10 片叶后（发芽后 8～9 个月），叶片逐渐羽化成多对深裂叶，裂叶全缘，呈线状披针形。正常成龄树一般有 30～40 片叶丛生在树干顶端，呈辐射状树冠。叶由叶柄、中轴和小叶组成，成熟叶片长达 5～6m，小叶 100～150 对，长 100～150cm，宽 2～6cm，着生在中轴两侧，叶革质、较厚、抗风力强。

椰子叶片从树干顶端的生长锥开始分化形成到抽出需要 24 ～ 30 个月时间，抽出后到自然死亡大约需 3 年。生长正常的成龄树每年可抽出 12 ～ 16 片新叶，每个腋芽都能分化成一个花序，叶片脱落后在树干上留下一个永久的脱落痕（图 1-6）。叶柄基部披着鞘状托叶，称椰布，与叶柄一起承受椰果的重量。

图 1-6　椰子叶片（吴翼 摄）

4. 花

椰子树通常是雌雄同株、同序异花植物，椰子树的花序为佛焰花序。一个叶腋中有一个花序，通常一株树每年抽出 12 ～ 16 片新叶，因而就有 12 ～ 16 个花序，但花序在发育过程中由于环境条件的影响，常有败育现象，所以通常叶片数量多于花序数量。

花序从分化到开花约 3 年时间。在开花前二年就分化出花序的苞片，又过半年左右小穗开始出现。花序和相应的叶片是同时发育的，叶原基开始分化后 4 个月左右，可以初步看出花序原基，再过 22 个月花序长成几厘米长，开始分化雄花和雌花，大约过 1 年时间，佛焰花苞开裂，再过 1 年左右果实成熟。

椰子树的苞片有单层的、双层的，也有多层的，常见的为单层苞片。佛焰苞成熟时，花苞从顶部纵裂，露出花序。花序由花序柄、中轴和小穗组成。每个花序有 20 ～ 50 小穗，每个小穗上部着生雄花 100 ～ 300 朵，基部着生雌花一个或多个。

椰子雄花呈三角筒状，花被二轮 6 片，雄蕊 6 枚二轮排列，雄花成熟时，花药纵裂，吐出花粉粒，花粉粒长度为 65 ～ 69μm，直径 28 ～ 69μm，花药有 11.1 万～ 22.1 万粒花粉，每朵雄花从开裂散发花粉到凋谢脱落历时 2d。高种椰子树雄花期为 18 ～ 22d，矮种为 15 ～ 24d。

椰子雌花较大，呈球状，子房上位。雌蕊群退化成 1 枚具有 3 个顶齿的不完全雌蕊，子房具有 3 个心室，3 个顶齿下方各有一个蜜腺。通常只有 1 个心室能发育成熟，偶尔也有双心皮现象。雌花顶端有 1 个无柄的乳头状的三裂柱头，基部有 3 片萼片和 3 片花瓣，在花果发育过程中不脱落，果实成熟时成为果蒂上的萼片（图 1-7）。高种椰子树雌花开放比雄花稍晚一些，花期为 5 ～ 7d，雌花感受期约 3d，而矮种椰子树雌花期 10 ～ 14d，雌花感受期约 2d。

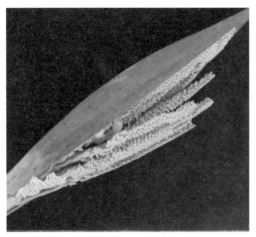

椰子花苞

1.花枝的一部分 2.雄花 3.雌花

椰子花结构

图 1-7 椰子花苞及其结构（孙程旭 摄 / 张新平 绘）

5. 果实

椰子树果实为最大的核果之一，呈圆形或椭圆形，也有少量三棱形。由外果皮、中果皮、内果皮（椰壳）、种皮、固体胚乳（椰肉）、液体胚乳（椰子水）和胚组成（图 1-8）。

图 1-8 发芽的椰子果及其结构（孙程旭 摄）

外果皮：亦称果皮，外表革质，椰果未成熟前，外表光滑，有红、黄、绿、褐等颜色，充分成熟后果皮饱满光滑，干后呈褐色，不成熟椰果干后果皮会发皱。

中果皮：外果皮里面一层为中果皮，起到保护作用。未成熟时呈白色，含水量高，成熟后质地变为疏松的纤维层，棕褐色，富有弹性，称椰衣或椰子纤维层，保护椰子果实不受伤害。

内果皮及种皮：内果皮即椰壳，质地坚硬，充分成熟时呈黑褐色，冷热不变形，保护胚乳和胚。种皮为椰壳内附在椰肉外面的薄皮，革质，成熟时呈黑褐色，一般情况下很难与椰肉分离。

胚乳：授粉后 6～7 个月，椰果开始形成胶状体胚乳，即椰肉，8 个月后椰肉呈白色，质地变硬，12～13 个月，胚乳完全成熟，厚度 0.9～1.5cm，含脂肪 30%～35%，蛋白质 4%，碳水化合物 12%～14% 以及多种氨基酸、维生素和微量元素。

椰子水：又称液体胚乳，藏在椰果腔中，椰肉未形成前，味酸涩，椰肉形成后（授粉后 6～7 个月）椰子水含糖量最高（4%～6%），味甜，果实成熟时味变淡，糖分减少，矿物质含量增加。

胚：米白色，圆柱形，约米粒大小。在椰壳和椰肉上，有三眼（孔），通常只有一个孔的胚可生长，其他两个孔的胚退化。椰果发芽生长时胚首先向外长根、芽，向果腔内生长吸器，吸器分泌出脂肪分解酶分解椰肉中的养分，由吸器吸收供椰苗生长（图 1-9 和图 1-10）。

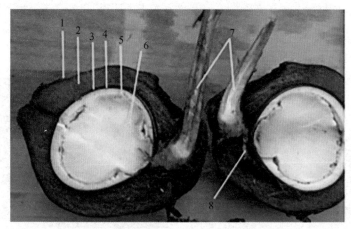

图 1-9　发芽的椰子果及其结构（张新平　绘）

1. 外层皮；2. 中层皮；3. 内果皮；4. 种皮；5. 胚乳；6. 吸器；7. 幼芽幼叶；8. 根

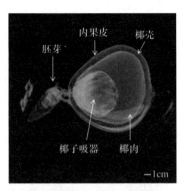

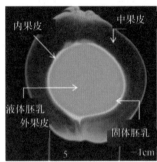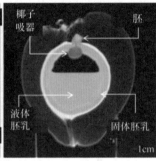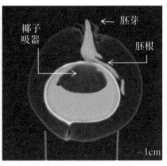

图 1-10　椰子果 CT 结构（PLOS One，2023）

椰子树植后 3 ～ 8 年便可开花结果，每一串花序可结 6 ～ 12 个果，高产的可达 30 个果，但果较小。椰子树单株每年产果 50 ～ 200 个，椰果从授粉到成熟，一般需要 1 年时间，在整年中如果某一阶段遇到自然灾害，如干旱、寒潮、台风等都会影响椰果的发育。

三、世界椰子的种植及贸易

（一）椰子的种植与产量

目前世界上椰子的种植面积有 1 100 万～ 1 200 万 hm²，主要生产国有印度尼西亚、菲律宾、印度、斯里兰卡、泰国、马来西亚、巴布亚新几内亚及斐济等，其中 90% 左右的椰子集中在亚洲和太平洋地区，印度尼西亚和菲律宾是椰子的主要生产国，其次是印度。在南太平洋地区，巴布亚新几内亚是椰子的主要生产国。在非洲和拉丁美洲，坦桑尼亚和巴西分别是主要的生产国。

椰子产量情况详见图 1-11 和图 1-12。

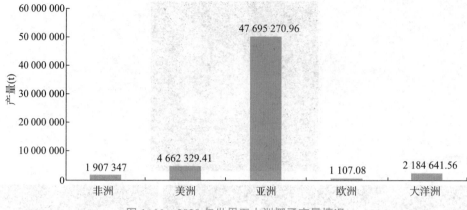

图 1-11　2020 年世界五大洲椰子产量情况

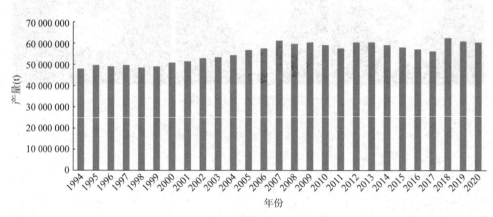

图 1-12　1994—2020 年世界椰子产量

　　椰子产量主要以椰果的个数或椰干产量表示，印度尼西亚和菲律宾的总产量最高，其次为印度、斯里兰卡、巴西、泰国等（图 1-13）。以平均椰干产量为衡量标准（大约每 4.5 个椰子制得 1kg 椰干），世界椰干的平均亩产量约 59kg（15 亩 =1hm²，全书同），菲律宾亩产量为 60 ～ 66.7kg，马来西亚 50kg，我国平均产量也在 50kg 左右（但我国不生产椰干）。从联合国粮食及农业组织统计数据看，各国虽然产量有少量增加，但与扩大的种植面积相比不成比例。在良好的管理条件下，椰子的单产应在 3 ～ 6 t/hm²，但是由于管理不善，许多国家的椰子单产在 2 t/hm² 以下。

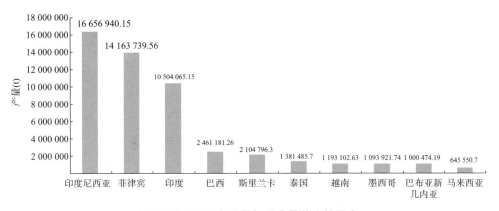

图 1-13　2020 年世界椰子产量前十的国家

（二）椰子及其产品的国际贸易

世界椰子产品的贸易活动主要从 20 世纪 60 年代开始，进行贸易的产品主要是椰干和椰子油等（表 1-2）。随着椰子精深加工业的发展，椰子奶油、椰子粉、椰壳活性炭以及椰纤维产品等也占领了较大的市场，一些椰子深加工的功能性食品也逐渐走俏市场。菲律宾是世界上最大的椰子产品出口国，印度尼西亚、斯里兰卡、印度、泰国等也是椰子产品的主要出口国。进口国超过 80 个，但主要集中在欧美国家（表 1-3、表 1-4）。

表 1-2　2005—2009 年椰子产品平均价格变化　　　　　　　（美元 /t）

产品	2005 年	2006 年	2007 年	2008 年	2009 年
椰子果产品					
椰子果（美元 /1 000 个）	231	250	150	223	90
椰干	414	402	607	816	486
椰子油	615	607	919	1 224	724
椰麸	73	113	161	137	130
食用椰干	1 051	915	1 182	1 797	1 188
脂肪醇	1 374	1 400	1 418	1 459	1 479
椰奶	1 140	1 250	1 262	1 439	1 672
椰子粉	2 652	2 680	2 631	3 426	3 180

续表

产品	2005 年	2006 年	2007 年	2008 年	2009 年
椰子纤维产品					
垫用椰衣纤维	197	212	253	270	265
棕毛椰衣纤维	451	561	427	481	498
椰衣纤维纱	697	613	757	809	787
椰衣纤维席	1 540	1 550	1 485	1 758	2 667
椰衣纤维绳	935	945	880	1 046	994
涂胶纤维	1 558	1 600	1 780	2 072	2 283
椰糠	236	240	258	286	253
椰子壳产品					
椰壳粉	250	254	254	317	377
椰壳碳	255	260	274	359	324
活性炭	1 154	1 114	1 146	1 260	1 302
其他产品					
椰子水（$/1 000t）	841	850	637	822	761
椰纤果	720	750	857	1 068	1 000
椰花醋	694	725	750	736	772

资料来源：菲律宾联合椰子协会和椰子统计年鉴（2009）。

　　随着世界人口的不断增长，食用和工业用椰子的消费也都在增长。在未来数年中，椰子及其产品作为功能食品、营养食品、药用食品、化妆品及生物燃料等都将有较大的市场。嫩椰子果作为健康与保健食品以及运动饮料的开发利用等具有广阔的市场前景。

表 1-3　2005—2009 年椰干月均价格变化　　　　　　（美元 /t）

月份	2005 年	2006 年	2007 年	2008 年	2009 年
1	430	373	484	848	479
2	440	393	503	921	450
3	474	385	509	972	427
4	460	372	553	963	447
5	446	390	592	1 014	560
6	433	387	653	1 063	500
7	425	384	613	946	440
8	371	404	595	780	512
9	346	413	614	724	458

月份	2005 年	2006 年	2007 年	2008 年	2009 年
10	384	411	658	585	580
11	384	430	748	479	465
12	370	486	765	495	510
平均	414	402	607	816	486

资料来源:《油世界》和《椰子统计年鉴 2009》。

表 1-4   2005—2009 年椰子油月均价格变化   (美元/t)

月份	2005 年	2006 年	2007 年	2008 年	2009 年
1	646	569	731	1 285	738
2	646	591	763	1 382	671
3	710	575	769	1 471	637
4	679	578	828	1 443	709
5	647	581	894	1 502	842
6	639	575	979	1 551	798
7	605	580	929	1 436	677
8	550	606	910	1 193	730
9	559	609	930	1 110	705
10	587	629	1 010	856	706
11	582	656	1 131	719	713
12	535	732	1 153	740	756
平均	615	607	919	1 224	724

资料来源:《油世界》和《椰子统计年鉴 2009》。

第二节　我国椰子发展概况

一、中国椰子的分布及历史

(一)中国椰子分布

南北回归线之间,全球热带地区,涉及亚洲、大洋洲、非洲、拉丁美洲近 100 个国家和地区,热带作物产业维系着超 10 亿人口的生计。热带作物产业在社会、经济等方面的地位不言而喻。中国境内热带区总面积约 48 万 km²,占全球热带区陆地面积

1%。中国热带作物宜植地占世界宜植地面积的9%，涵盖琼、粤、桂、滇、贵、闽、川等地。

我国椰子在3°～22°N有分布，现主要集中分布于海南各地以及台湾南部。此外，广东（雷州半岛）、云南（西双版纳、德宏、保山、河口）、广西（防城港市、北海市）等地也有少量分布，分布特点是零星而分散，部分地区相对集中。海南省属热带北缘，是我国椰子主要产区，全省19个市、县均有椰子栽培，其中以东南沿海分布最广，面积最大。东南沿海的文昌、海口、琼海、万宁、陵水、三亚6个市县为海南椰子的主要产区。

（二）中国椰子的历史

1. 历史记载

大约公元前1世纪，我国就有种植椰子的记载。据南越笔记之"琼州多椰子，昔在汉成帝时（公元前20年）越飞燕立为后，其妹南珍物有椰叶席，见重于世"。可见，我国种植椰子已有2 300多年的历史。但直到中华人民共和国成立后，我国的椰子生产才有较大的发展，在我国主要椰子产区海南岛建立了椰子生产试验基地和椰子产品加工厂，并有一批专门的技术人员从事椰子的研究工作。同时，除在海南岛大面积种植外，在云南河口、怒江坝、潞西，广西龙州、南宁，广东的粤西、粤东地区，福建的厦门、诏安，四川西昌地区，江西赣南及贵州的南部地区进行了不同规模的试种。由于受自然条件、社会经济及技术条件的影响，上述地区仅有雷州半岛南部的徐闻、海康两县和云南南部的澜沧江、元江河谷地区有少量椰树保留下来。

2. 椰子研究机构

1960年2月，周恩来同志视察两院（华南热带作物科学研究院和华南热带作物学院的简称，分别为中国热带农业科学院和华南热带农业大学的前身）作出重要指示"椰子的科学研究一定要上马。"椰子树不仅是一种热带果树，而且是一种多年生木本高产油料作物。

1979年，经农垦部批准华南热带作物科学研究院文昌椰子试验站成立（1993年更名为中国热带农业科学院椰子研究所）。历经40余年的发展，中国热带农业科学院椰子研究所（图1-14）的研究任务从单一的椰子研究发展成为以热带油料和经济棕榈作物为主要研究对象的基础研究和应用基础研究。

图 1-14　中国热带农业科学院椰子研究所

在"十一五"全国农业科研机构科研综合能力评估排名中椰子研究所从"十五"的 357 位跃升到第 129 位，行业、专业和本省排名分别为第 15 位、第 6 位和第 6 位。"十二五"期间，中国热带农业科学院椰子研究所承担科研项目 192 项，取得科研成果 70 多项，获省部级以上科技奖励 13 项，其中，国家科技进步奖二等奖 1 项、全国农牧渔业丰收奖一等奖 1 项、海南省科技进步奖一等奖 1 项，获授权专利 52 项，发表论文 420 多篇，出版著作 20 部；陆续引进了一系列优质高产的油棕、椰子等热带油料作物种质资源，建立了油棕、椰子再生体系，培育了一批具有自主知识产权的热带油料作物优良品种；应用生物防治和生态控制等技术，有效监测与防治重大外来入侵生物对热带油料作物的危害；研究掌握了油棕、椰子等热带油料作物的综合深加工技术，填补了国内空白，延长了产业链；主持制定了油料作物的国家、行业、地方标准和技术规范 30 多项，椰子、油棕等作物研究处于国内先进水平，并赢得了广泛的国际影响力。

中国热带科学院椰子研究所以科技示范园、示范基地为服务平台，以科技下乡、科技入户等方式推广普及油棕、椰子等关键技术，解决生产技术上的难题。在热带和亚热带区，服务范围覆盖率达到 90% 以上，实用技术普及率 95% 以上，实现椰子新品种增产 80% 以上，亩增加效益 2 000 多元；与 20 多个国家及国际组织建立了合作关系，多次派出专家到科摩罗、印度尼西亚、缅甸、越南等开展热带油料作物技术支持；有密克罗尼西亚、纳米比亚等国总统和多位主要国家领导人亲临椰子研究所进行多次洽谈相关的科技合作和技术支持事宜；主办或承办了 20 多期国际发展中国家技术培训班和国际会议，为热带油料作物"走出去"战略打下坚实的基础。

第一章　椰子简述与我国椰子发展概况

二、我国椰子品种概况

我国椰子品种主要有本地高种椰子、矮种椰子及杂交种椰子三个类型。

（一）高种椰子

椰子是棕榈科椰子属乔木。海南本地椰子的树干挺直，树冠呈球形或半球形，高度可达 20m；果实颜色由青绿或红色或棕色，摇动有水声时即为成熟；果实为近球形；外果皮较薄；中果皮又称椰衣，为厚而疏松的棕色纤维层；内果皮即椰壳，为坚硬的角质层；胚乳又称椰肉，为白色的肉质层。

1. 本地绿椰子

植株高大，乔木状，高 15 ～ 30m，茎粗壮，有环状叶痕，基部增粗，常有簇生小根。叶羽状全裂，绿色，长 3 ～ 4m；裂片多数，外向折叠，革质，线状披针形，长 65 ～ 100cm 或更长，宽 3 ～ 4cm，顶端渐尖；叶柄绿色粗壮，长达 1m 以上。花序绿色腋生，长 1.5 ～ 2m，多分枝；佛焰苞纺锤形，厚木质，最下部的长 60 ～ 100cm 或更长，老时脱落；雄花萼片 3 片，鳞片状，长 3 ～ 4mm，花瓣 3 枚，卵状长圆形，长 1 ～ 1.5cm，雄蕊 6 枚，花丝长 1mm，花药长 3mm；雌花基部有小苞片数枚；萼片阔圆形，宽约 2.5cm，花瓣与萼片相似，但较小。果绿色，卵球状或近球形，外果皮薄，中果皮厚纤维质，内果皮木质坚硬，基部有 3 孔，其中的 1 孔与胚相对，萌发时即由此孔穿出，其余 2 孔坚实，果腔含有胚乳（即"果肉"或种仁）、胚和汁液（椰子水），四季有花果（图 1-15）。

图 1-15　本地绿椰子

2. 本地红椰子

植株高大，高 15 ～ 30m，茎粗壮，有环状叶痕，基部常增粗，常有气生根。叶红色或褐色，羽状全裂，长 3 ～ 4m；裂片多数，线状披针形，长 65 ～ 100cm

或更长，宽 3～4cm，顶端渐尖；叶柄绿色、长达 1m 以上。花序红色或褐色，腋生，长 1.5～2m，多分枝；佛焰苞纺锤形，厚木质，最下部的长 60～100cm 或更长；雄花萼片 3 片，鳞片状，长 3～4mm，花瓣 3 枚，卵状长圆形，长 1～1.5cm，雄蕊 6 枚，花丝长 1mm，花药长 3mm；雌花基部有小苞片数枚；萼片阔圆形，宽约 2.5cm，花瓣与萼片相似，但较小。果红色或褐色，卵球状或近球形，外果皮红色或褐色较薄，中果皮厚纤维质，内果皮木质坚硬，基部有 3 孔，其中的 1 孔与胚相对，萌发时即由此孔穿出，其余 2 孔坚实，果腔含有胚乳（即"果肉"或种仁）、胚和汁液（椰子水），四季有花果（图 1-16）。

图 1-16 本地红椰子

3. 其他本地高种椰子

根据果实大小及颜色等可分如下几类。

（1）小果椰子

摘蒂仔，植株抗风、抗寒能力与海南传统栽培高种相似，花序及嫩果果实绿色，其果实较海南传统栽培高种小，果型圆，产量显著高于海南传统栽培高种（图 1-17）。

图 1-17 小果椰子（孙程旭 摄）

（2）大果椰子

陵水大果椰子，通常鲜果重 2 ～ 4kg，干果 1 ～ 2.5kg，椰肉 500 ～ 500g，椰水 350 ～ 750g，肉厚 1 ～ 1.5cm（图 1-18）。

图 1-18　大果椰子（孙程旭　摄）

（3）多纹路椰子

特征符合高种类型，具有特异处即椰子果皮颜色多纹路，脉络清晰，很好看（图 1-19）。

图 1-19　多纹路椰子（孙程旭　摄）

（4）三红椰子

性状符合高种类型，椰子变异，有自己的特异部分，主要同时体现在椰果纤维、椰子树纤维及芽体（10cm 以内）的颜色皆为粉色或红色（图 1-20）。

图 1-20　三红椰子（孙程旭　摄）

（二）矮种椰子

我国早期选育的矮种椰子品种主要有"文椰2号""文椰3号""文椰4号"。它们共同特点是早花、早果、丰产，单位面积经济效益高，具体特征如下。

1. "文椰2号"

"文椰2号"（*Cocos nucifera* L.'Wenye No.2'）是由中国热带农业科学院椰子研究所选育而成，亲本是马来亚黄矮，2013年5月通过全国热带作物品种审定委员会审定（图1-21）。多年的生产试验和对比试验显示，其综合性状优良，在海南的生态适应性强，抗寒、抗风能力中等，稳定性强、产量高、颜色鲜艳、蛋白质和糖含量高。一般种苗定植后3～4年开花结果，8年后达到稳产期，产量高，平均株产一般115个以上，高产的可达200多个，其自然寿命约60年，经济寿命约35年。椰果在嫩果消费市场上的价格高于海南高种椰子一倍。

图1-21　"文椰2号"（范海阔 摄）

"文椰2号"椰子植株矮小，株高12～15m，树干较细，成年树干围径70～90cm，基部膨大不明显，无葫芦头。叶片羽状全裂，叶柄无刺，裂片呈线状披针形，叶片和叶柄、佛焰花苞均呈浅黄色。雌雄同株，花期重叠，自花授粉。果实小，椭圆形，果皮黄色，果皮和种壳薄；椰肉细腻松软，甘香可口，椰子水鲜美清甜，7～8个月的嫩果椰子水总糖含量达6%～8%。结果期早，一般种植后3～4年开花结果，8年后达到高产期，其自然寿命约60年，经济寿命约35年；文椰2号抗风性中等，好于马哇，差于本地高种，成龄树强于幼龄树。抗寒性差于本地高种，叶片寒害指标为13℃，13℃以上可以安全过冬。椰果寒害指标为15℃，15℃以下出现裂果、落果。不抗椰心叶甲。

适宜海南省种植，最适宜在海南东部、东北部、西南部地区种植。雨季前选用苗龄12～14个月、株高90～100cm、茎粗壮、存活叶5～6片、无病虫害的健壮椰苗，采用深植浅培土的方法定植，株行距6m×6m、6.5m×6m或5m×7m，270～300株/hm²。定植后常规管理。

2. "文椰3号"

"文椰3号"（*Cocos nucifera* L.'Wenye No.3'）由中国热带农业科学院椰子研究所育成，2007年12月通过海南省品种认定委员会认定（图1-22），是我国第一个从引进品种中选育出来并在生产上应用的优良品种，亲本为马来亚红矮。经过多年的生产试验和对比试验显示，"文椰3号"综合性状优良，在海南的生态适应性强，抗寒、抗风能力中等，稳定性强、产量高（平均株产105个，高产单株可达200多个）、颜色纯正、蛋白质和糖含量高。

图1-22 "文椰3号"（孙程旭 摄）

"文椰3号"椰子植株矮小，平均树高12～15m，树干较细，成年树干茎围70～90cm，基部膨大不明显，无葫芦头；叶片羽状全裂，平均叶长4.3m，有84～94对小叶，平均小叶长97cm，宽4.0cm；叶柄无刺裂片呈线状披针形，叶片和叶柄均呈浅红色；穗状肉质花序，佛焰花苞，平均花序长93cm，平均花枝长 31cm，花枝数 31 个，花轴、花柄较短，平均花轴长 38cm；雌雄同株，花期重叠，自花授粉；果实小，圆形，果重 500～1 300g，平均发芽率 80% 以上，果实围径 37～45cm，果长 15～22cm，果皮红色，果皮和种壳薄，平均核果重 726.1g，核果围径 30～39cm，平均果壳重 102g；椰肉细腻松软，甘香可口，椰肉 250～350g，蛋白质含量 8.13%，脂肪 46.38%，碳水化合物 15.04%，椰干率 42%，平均椰干含量 131.4g；椰子水鲜美清甜，椰水 100～150g，7～8 个月的嫩果椰子水总糖含量达 8%。一般种植后 3～4 年开花结果，8 年后达到高产期，自然寿命约 80 年，经济寿命约 60 年。

抗风性。海南岛属于热带边缘地带季风气候区，每年 5—11 月均有热带风暴和台风袭击，1984—1995 年每年热带风暴过后均进行椰子风害调查，"文椰 3 号"椰子的抗风性比海南本地高种差些，但比马哇杂交良种强些，幼龄树差些，成龄树强些。主要表现是：7～8 级热带风暴对"文椰 3 号"影响不大，叶害、果害极少，没有风害表现。

抗寒性。海南岛属于热带边缘地带，每年冬天还受寒潮影响，椰子是典型的热带作物，气温高低是影响椰子分布范围、产量高低的限制因子。经过 10 多年的调查分析认为"文椰 3 号"椰子抗寒力低于本地高种，叶片寒害指标为 13℃，13℃以上可以安全过冬，13℃以下连续积寒达 11.5℃，叶片受害率达 14.8%，13℃以下连续积寒达 11.8℃，叶片受害率达 14%。椰果寒害指标为 15℃，15℃以上可以安全过冬，15℃以下连续积寒温度达 11.8℃，"文椰 3 号"椰子落果和裂果率达 9%～46%，15℃以下连续积寒温度达 33.6℃，"文椰 3 号"椰子落果和裂果率达 16%～53%。

适宜海南省种植。最适宜在海南东部、东北部、西南部地区种植。雨季前选用苗龄 12～14 个月、株高 90～100cm、茎粗壮、存活叶 5～6 片、无病虫害的健壮椰苗，采用深植浅培土的方法定植，株行距 6m×6m、6.5m×6m 或 5m×7m，270～300 株 / hm²。定植后常规管理。

3. "文椰 4 号"

"文椰 4 号"（*Cocos nucifera* L.'Wenye No.4'）是我国从引进品种中选育出来并在生产上应用的优良品种，亲本为香水椰子，2010 年通过海南省品种认定委员会认定（图 1-23）。

图 1-23　椰子新品种 "文椰 4 号"（孙程旭 摄）

多年生产试验和对比试验显示，其综合性状优良，具有植株矮小，结果早，产量高，椰水和椰肉均具有特殊香味，椰肉细腻松软，椰水鲜美甘甜，营养丰富等优点，是作为嫩果型发展的优良椰子品种。一般种苗定植后 3 ～ 4 年开花结果，比海南本地高种提前 2 ～ 3 年，8 年后达到稳产期，比海南本地高种提前 3 ～ 4 年；产量高，平均株产一般 70 个以上，高产的可达 120 多个，比海南本地高种高；其自然寿命约 60 年，经济寿命约 35 年。

果实小，圆形，平均果重 490 ～ 1 350g，果实径围 36 ～ 43cm，核果质量 370 ～ 1 220g，核果径围 29 ～ 37cm，椰水质量 180 ～ 300g；叶片、叶柄和嫩果果皮绿色，果皮和种壳薄，平均核果重 607.5g。椰果在嫩果消费市场上价格高于其他品种数倍。

抗风性，7 ～ 8 级强风对其影响不大，9 ～ 10 级台风会吹断少数叶片，小叶被吹裂，并出现少量落裂果现象，11 级以上的强风会对椰树有较大影响。抗寒性，椰果寒害指标为 16℃，16℃以下达到一定积温，椰果出现落裂果现象。

适宜海南省种植，最适宜在海南东部、东北部、西南部地区种植。雨季前选用苗龄 12 ～ 14 个月、株高 90 ～ 100cm、茎粗壮、存活叶 5 ～ 6 片、无病虫害的健壮椰苗，采用深植浅培土的方法定植，株行距 6m×6m、6.5m×6m 或 5m×7m，270 ～ 300 株 / hm²。定植后常规管理。

（三）杂交种椰子

1. "文椰 78F1"

"文椰 78F1"（*Cocos nucifera* L.'Wenye78F1'）是我国培育的第一个椰子杂交新品种，是以马来亚黄矮椰子为母本，海南高种为父本杂交培育成功的 F1 代优势新品种，其具有早产（植后 3～4 年开花结果，比海南高种椰子早 3 年投产），产量高（单株产量可达 100 个），抗性好的优点，适合在海南推广种植（图 1-24）。该项科技成果的转化，可促进海南椰子产业化的快速发展。

图 1-24　椰子新品种"文椰 78F1"（范海阔 提供）

适宜海南省种植，最适宜在海南东部、东北部、西南部地区种植。雨季前选用苗龄 12～14 个月、株高 90～100cm、无病虫害的健壮椰苗，采用深植浅培土的方法定植，株行距 6m×6m、6.5m×6m 或 5m×7m，270～300 株 / hm²。定植后常规管理。具体内容参见海南省地方标准《椰子种果》《椰子种苗》《椰子种苗繁育技术规程》《椰子种植和管理技术规程》汇总整理。

2. 其他在研的品系或类型

（1）常规杂交种

两个杂交椰子（品系）（本地红 × 红矮），是杂交分离后形成的新品系。海文红（暗红色）（图 1-25）/ 海文绿（棕绿色）（图 1-26）：植株健壮，茎部有葫芦头，耐风，长势好。100cm 叶痕规律明显，营养期叶间痕 5～6 个，结果期叶痕 8～9 个。4～6 年开花结果，年产椰子 100～120 个，椰子中大，暗红色 / 棕绿色。

营养含量中等，椰肉厚实偏软，椰水可溶性固形物含量在 5.5% ～ 7.5%。适宜在海南沿海区域发展，可以作为加工类椰子原材料等。

图 1-25　海文红（暗红色）（孙程旭　摄）

图 1-26　海文绿（棕绿色）（孙程旭　摄）

（2）海南糯米椰子

本土椰子类型，外果三棱，果色棕绿（略黄），果重 1.5kg 左右，甜度 6.0 左右，果肉白色部分糯化等（图 1-27）。树高及形态与本地绿椰子相似。

图 1-27　海南糯米椰子（孙程旭　摄）

（3）香糯椰子

有本地椰子和矮种香水椰子的特征，果色绿色或棕色，果中等，果肉糯化，椰子水香甜（图1-28）。不同于马可波罗椰子椰子肉全部糯化，又有普通椰子的特征。

图1-28　海南糯米椰子（孙程旭 摄）

三、中国椰子的种植与产量

海南椰子种植业从20世纪50年代初的4 000多公顷发展到如今的40 000多hm²，面积扩大了近10倍，年产量从不到1 000万个到现在的2.3亿个左右，增长了22倍。21世纪以来，收获面积呈现上升趋势，但新种面积、年末种植面积及单产却出现下降趋势，主要原因是椰子品种老化，表现为产量低、抗性差。所以亟需对现在生产上种植的椰子品种进行更新，以提高椰子的产量和种植效益。中国椰子的种植面积及产值见表1-5。

表1-5　2000—2005年中国椰果采收情况　　　　　　（万个／hm²）

项目	2000年	2001年	2002年	2003年	2004年	2005年
采果量	2.4	2.5	2.7	2.8	2.8	2.9

资料来源：联合国粮农组织。

四、中国椰子及产品的进出口贸易

目前，我国椰子产业已达到一定规模。椰子加工产品多达300多种，涉及食

第一章　椰子简述与我国椰子发展概况

品、化工、轻工、医药、航海等多个领域。在"十一五"期间，海南椰子加工业重点发展椰子汁、椰纤果、椰壳活性炭和椰衣纤维等产品，年产值达 30 多亿元。

2000—2007 年中国椰子的贸易情况见表 1-6。虽然近年椰子产业取得了较大的发展，但在亚洲市场，中国仍是椰子产品的主要进口国，国内目前消费的椰油、椰壳活性炭等主要依靠进口。我国椰子每年需求量高达 30 亿个，但国内年产量仅有 2 亿个左右，并且大部分作为鲜果消费，目前进行深加工的椰子主要依赖进口，椰子种植业与加工业的发展极不协调，原料供需矛盾十分突出。

表 1-6　　2000—2007 年中国椰子的贸易情况

产品	项目	2000 年	2001 年	2002 年	2003 年	2004 年	2005 年	2006 年	2007 年
椰果	进口量 / 万 t	3.96	6.11	7.87	8.58	9.50	8.83	12.33	11.36
	进口额 / 万美元	222.60	305.90	587.80	647.70	847.50	821.80	1224.50	1 422.90
	出口量 /t	250.00	184.00	443.00	603.00	808.00	734.00	290.00	223.00
	出口额 / 万美元	6.30	3.70	7.20	8.80	13.10	17.90	4.90	3.70
椰油	进口量 / 万 t	10.20	20.50	12.60	16.00	12.30	13.30	17.30	12.60
	进口额 / 万美元	5.40	6.40	4.90	7.20	7.80	8.30	9.70	10.70
	出口量 /t	250	184	443	603	808	734	290	223
	出口额 / 万美元	0.001 1	0.002 3	0.005 6	0.002 3	0.004 1	0.007 9	0.011 5	0.008 7
椰粉	进口量 / 万 t	0.15	0.13	0.05	0.05	0.02	0.03	0.06	0.11
	进口额 / 万美元	0.02	0.02	0.02	0.03	0.02	0.04	0.06	0.10
	出口量 /t	113.00	55.00	245.00	261.00	201.00	86.00	—	51.00
	出口额 / 万美元	0.005 4	0.001 5	0.004 2	0.004 1	0.003 2	0.001 3	—	0.006 1

资料来源：联合国粮食及农业组织。

参考文献

范海阔，冯美利，黄丽云，等，2011. 椰子新品种"文椰 4 号"[J]. 园艺学报，38（4）：803-804.

范海阔，黄丽云，唐龙祥，等，2008. 椰子新品种"文椰 2 号"[J]. 园艺学报，5：774.

范海阔，覃伟权，黄丽云，等，2008. 椰子新品种"文椰 3 号"[J]. 园艺学报，6：927.

孙程旭，范海阔，曹红星，等，2019. 椰子新品种"文椰 5 号"[J]. 园艺学报，46（7）：1417-1418.

孙程旭，张玉锋，2019."文昌椰子"品牌建设［M］.北京：中国农业科学技术出版社.

赵松林，等，2013.椰子关键技术系列丛书［M］.海口：海南出版社.

LIN S H，et al.Visualization and Quantification of Coconut Using Advanced Computed Tomography Postprocessing Technology［J］.PLoS One，18（2）：e0282182.

ZHANG Y，et al，2023. Developing non-invasive 3D quantificational imaging for intelligent coconut analysis system with X-ray［J］.Plant Methods，19：24.

第一章 椰子简述与我国椰子发展概况

第二章

文椰 5 号新品种培育

早在栽培植物出现之初人类简单的种植和采收活动中，就已有作物育（选）种的萌芽。"黍稷重穋，稙稚菽麦"出自先秦的《鲁颂·閟宫》。稙、稚指播种的早晚，重穋指成熟的先后。可见我国在周代已形成不同播期和熟期的作物品种概念。北魏《齐民要术》按成熟早晚、苗秆高下、收实多少和米味美恶等记载粟品种86个。明代的《理生玉镜稻品》详细描述了嘉靖年间江苏苏州地区的水稻品种，是中国最早问世的水稻品种志。至清代，《授时通考》已分别收录粟和水稻品种约500个和3 400多个。

热带、亚热带果树不同于北方物种。热带、亚热带果树是指只适宜在热带、亚热带气候条件下生长的热带、亚热带常绿果树，主要有柑橘、香蕉、椰子、杧果、龙眼、荔枝、菠萝等，种类丰富多彩。而椰子品种的培育在我国尚不足40年，相应的研究方法在借鉴北方物种的基础上逐步完善中。

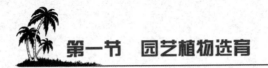

第一节　园艺植物选育

研究果树起源，不但有助于丰富和发展生物进化理论，而且对引种、栽培和新品种选育都有重大意义。根据果树的原始祖先——野生果树的分布，可推断某种果树的原产地，从而为更好地引进和利用果树种质资源服务。果树起源研究所涉及的科学门类繁多，除了地理、历史、考古、民族、语言、人类等学科外，特别重要的还有植物学、植物分类学、古植物学、植物地理学、遗传学等现代生物科学。从生物科学的研究角度看，最主要的方法是果树资源的调查，并通过细胞学和遗传学等实验方法，予以科学的分类鉴定并阐明其亲缘关系，从而对起源问题作出圆满答复。

一、园艺的起源

园艺是指果树、蔬菜、花卉及观赏树木的栽培与繁育技术。在古代，果树、蔬菜和花卉的种植常局限于小范围的园地之内，与大田农业生产有别，故称为园艺。园艺相应地分为果树园艺、蔬菜园艺和观赏园艺。园艺技术是一个古老而重要的领域，它的起源可以追溯到人类农业的发展早期。园艺技术涉及植物的种植、养护、繁殖和保护，旨在提高植物的产量、品质和抗病性。在过去的几千年里，园艺技术一直在不断演进和创新，为人类提供了丰富的食物、美化了环境，改善了生活质量。

园艺技术的起源可以追溯到远古时代的农业革命。大约 1 万年前，人类从游牧狩猎的生活方式转变为农耕定居，并开始种植自己所需的食物。最初，人们采用简单的种植技术，主要种植一些野生植物和农作物。随着时间的推移，人们对植物的了解逐渐加深，开始尝试培育改良的作物品种，以提高产量和品质。

在古埃及、古希腊和古罗马等文明中，园艺被视为一种艺术和科学，并获得了广泛的重视。人们开始使用灌溉系统、肥料和保护措施来改善农作物的生长条件和产量。古希腊的哲学家亚里士多德还提出了有关植物生长的一些理论，对园艺技术的发展起到了积极的推动作用。

园艺技术在中世纪欧洲得到了进一步的推广和应用。在这个时期，园艺被广泛应用于修道院和皇家园林中。修道院还研究药用植物的种植和利用。同时，蔬菜和水果的培育也得到了重视。在文艺复兴时期，人们开始关注园艺的美学价值，并建立了一些著名的花园和公园，园艺技术进一步得到了发展。

随着科学的发展和工业化的进程，园艺技术也逐渐进入了现代化的阶段。19世纪末至 20 世纪初，农业科学得到了迅速发展，园艺技术也在此过程中得到了极大的推进。种植育种、病虫害控制、土壤管理和灌溉技术等方面的研究为园艺技术的进一步创新和发展提供了支持。如今，在先进的科学研究、技术手段和信息交流的支持下，园艺技术进入了一个新的高级阶段。

现代园艺产品已成为完善人类食物营养及美化、净化生活环境的必需品，得益于我国果园面积的持续增加，水果产量也随之不断增加。资料显示，我国水果产业（不含西甜瓜）总产量从 1978 年的 657 万 t 发展到 2021 年的近 3.0 亿 t，增长了 45 倍。

总的来说，园艺技术的起源可以追溯到人类社会的早期，经历了漫长的发展历程。从最初的简单种植到现代化的农业系统，园艺技术在改善植物生长条件、提高产量和品质等方面发挥着重要作用。通过不断地创新和研究，园艺技术为我们提供了丰富多样的食物和美丽的环境，为人类的生活作出了巨大贡献。

（一）农业与园艺的关系

园艺技术的起源可以追溯到人类开始进行农业活动的时候。农业是一种人类通过种植和养殖来获得食物、纤维和其他农产品的生产活动。园艺则是农业的一个分支，专注于种植、维护和美化植物，以获得食物、药材、观赏价值等。农业与园艺之间存在着密切的关系，主要体现如下。

1. 农业为园艺提供基础

农业提供了园艺发展的基础。通过农业活动培育出适应特定环境和需求的品种，为园艺技术的发展打下了基础。

2. 农业技术的进步促进了园艺的发展

随着农业技术的不断进步，如灌溉系统、肥料利用、除草和病虫害控制等方面的创新，种植技术得到了提升，也推动了园艺技术的发展，如温室栽培、水培技术等。

3. 园艺丰富了农业产业链

除了主要的粮食、饲料、纤维作物外，园艺作物为人们提供了丰富多样的果蔬、花卉、药材和观赏植物，丰富了人们的饮食和生活。

4. 农业和园艺共享技术与创新

农业和园艺在种植技术、育种方法、病虫害防治等方面共享技术与创新。这两个领域的研究者和从业者常常交流经验和技术，共同推动农业和园艺的发展。

总而言之，农业和园艺密切相关，相互促进，共同推动了农业生产和园艺技术的发展。农业为园艺提供了基础，而园艺又通过丰富和优化植物资源的利用，增加了农业产业链的种类和附加值。这两个领域在技术创新和经验交流方面保持着紧密联系。

（二）园艺技术的原始形态

园艺技术的原始形态可以追溯到人类最早进行植物栽培的时期，也就是大约1万多年前的新石器时代晚期。在那个时代，人类开始从采集食物转向种植植物来获取食物。最早的园艺技术主要包括以下几个方面。

1. 种子保存和利用

人类学会了保存和利用植物的种子。他们会选择具有良好特性的植物，收集植物的种子，并在适当的时间和地点进行种植。这种种子保存和利用的行为是最早的园艺技术之一。

2. 开垦和灌溉

人类开始使用简单的工具，如石器和木器，开垦土地种植作物。他们会移除杂草和割破地面，为植物提供更好的生长条件。此外，他们还会发展简单的灌溉系统，利用水源为植物提供必要的水分。

3. 无性繁殖

人类早期的园艺技术主要通过无性繁殖的方式进行。他们将植物的茎、叶片、芽或者根茎等组织切割下来，并使其在适宜的环境条件下生根开花，形成新的植株。这种无性繁殖技术可以大量繁殖具有相同特性的植物。

4. 营养补充和植物保护

人类开始意识到植物需要特定的营养和保护措施来保持生长健壮。他们发展了一些简易的方法来为植物补充营养和防治病虫害，如施肥、覆盖和使用天然杀虫剂。

这些原始的园艺技术形态为后来的园艺技术发展奠定了基础。随着时间的推移，人类不断改进和创新园艺技术，发展了更多高效、可靠的方法和工具，从而实现了更大规模的植物种植和繁殖。可见，园艺技术的发展与社会的变迁和科技的进步密不可分。

（三）园艺技术的发展历程

园艺技术的发展是一个漫长的过程，主要经历了以下几个阶段。

1. 新石器时代

在新石器时代晚期，人类开始从采集食物转向种植植物。最早的园艺技术出现，包括种子保存和利用、开垦和灌溉、无性繁殖等。

2. 古代文明时期

在古代文明时期，如古埃及、古希腊、古罗马等古文明中，园艺技术得到了进一步发展。人们开始使用更复杂的工具和设备，如锄头、耕牛等耕翻平整土地。同时，通过选育和交配，培育出更好的植物品种。

3. 中世纪至文艺复兴时期

中世纪时期，园艺技术相对停滞不前，但文艺复兴时期重新燃起了对园艺的热情。由于贵族和富商的支持，后花园、皇家花园和庄园花园等开始兴起，园艺技术得到了进一步发展和细化。

4. 工业革命时期

工业革命带来了农业机械的发展，犁、播种机、收获机等机器的出现，极大地提高了农业和园艺生产的效率。

5. 现代园艺技术

20 世纪，园艺技术得到了更大的突破和创新。现代科学和技术的发展，如温室技术、育种技术、水培技术、有机园艺等，使园艺生产更加精细化、高产化和可持续化。

6. 信息化时代

21世纪以来，互联网、大数据、人工智能等技术在园艺的生产和管理中发挥重要的作用。智能设备和传感技术的应用，提高了园艺生产的自动化水平。

总的来说，园艺技术的发展历程是一个不断创新和完善的过程，在人类历史的不同阶段，园艺技术随着社会、经济和科技的变迁而发展，为人类提供了更多美食、药材、观赏植物和生态环境的满足。

二、园艺技术主要成就

（一）植物栽培技术的发展

了解到植物对土壤、水分和光照的要求，人们发展出适合各种环境条件和植物种类的种植方法和栽培技术，以提高植物的生长和产量。植物栽培技术的发展是园艺技术领域中重要的一部分，其主要发展方向和成就如下。

1. 土壤管理

土壤是植物生长的基础，通过有机物质的添加、土壤通风、保水保肥等土壤改良措施，可以改善土壤结构、增加养分供应，为植物提供较好的生长环境。

2. 灌溉技术

为解决干旱地区植物生长的水分需求，人们利用滴灌、喷灌、渗灌等灌溉技术，实现对植物根系的准确供水，节约水资源并提高水分利用效率。

3. 光照控制

针对室内植物的光照需求，人们通过人工照明的光照控制技术方式，调控植物生长的光照强度、光周期等因素，以满足植物的生长需求。

4. 植物营养管理

植物的生长发育需要一定的养分供应，人们通过研究植物所需的主要营养元素和吸收方式，并在实践栽培中，采用控释肥料、叶面喷施、土壤酸碱调节等技术，提供植物所需的养分并避免浪费和污染。

5. 种植密度和架设结构

人们通过种植密度和架设结构的优化，实现对植物生长的空间利用和支撑，提高植物的产量和质量，例如葡萄的夏季剪枝和架空栽培。

6. 病虫害防治

为了保护植物免受病虫害的侵害，人们发展了一系列病虫害防治技术，如生物防治、物理防治、化学防治等，以减少病虫害对植物的损害并确保植物的健康生长。

7. 种植技术的机械化

随着农业机械化的发展，种植逐渐实现了机械化，如自动播种、喷洒、收割等，提高了种植效率和生产效益。

这些技术的发展和应用，使得植物栽培更加科学和高效。同时，环境控制技术、精准农业技术等新型技术，为植物栽培提供更多选择和发展的机遇。随着科学的不断进步和人们对可持续发展的需求，植物栽培技术也会继续演变和创新，为农业生产和园艺领域带来更加可持续和高效的解决方案。

（二）选种与品种改良

通过选择具有理想特性的个体进行繁殖，在后代中筛选和保留具有优良性状的植株，从而培育出更适应人类需求的植物品种。选种与品种改良在园艺领域中取得了许多重要的成就。

1. 品种改良

通过选种与品种改良，培育出了许多具有优良性状的新品种。这些品种在农业和园艺生产中具有高产、抗病虫害、适应性强等优点，为农民和园艺从业者提供了更丰富的选择。

2. 品质改良

通过选种与品种改良，改善了许多作物和果蔬的品质特点。例如，培育出了口感更佳、味道更甜的水果品种，颜色更鲜艳、形状更规则的蔬菜品种等，提高了产品的市场竞争力和消费者满意度。

3. 提高抗逆性

通过选种与品种改良，培育出了许多抗逆性强的新品种。这些品种对干旱、高温、病虫害等环境压力具有较高的抵抗力，能够适应恶劣的生长条件，提高了农作物的产量和品质。

4. 早熟品种

通过选种与品种改良，培育出了许多早熟品种。这些品种具有较短的生育期，可以在短时间内完成生长和发育，以适应特定的生产周期和市场需求。

5. 级梯栽培技术

通过选种与品种改良，改进了作物的生长习性，使其更适合级梯栽培技术。这种技术可以有效利用空间，提高产量，节约资源，最大限度地发挥土地的潜力。

6. 无籽品种

通过选种与品种改良，培育出了许多无籽水果品种，如无籽葡萄、无籽西瓜等。这种改良使得水果食用更加方便和美味，提高了水果的市场价值和消费者的口碑。

随着科技的不断进步，人们对农作物和园艺品种需求的不断变化，选种与品种改良将继续发展和创新，为农业和园艺生产提供更好的品种。

（三）嫁接和繁殖技术

通过嫁接、扦插、分株等技术，人们能够繁殖出相同或相似性状的植株，加快了植物繁殖的速度和效率。嫁接和繁殖技术在植物繁殖与改良中起着重要的作用。

1. 嫁接技术

嫁接技术是一种将不同植株的组织连接在一起，以实现繁殖和修剪的方法。通过剪接技术，可以将具有优良性状的树木枝条与树种的底部相连接，快速繁殖具备优良性状的新株。该技术在水果树、葡萄、蔬菜等植物的繁殖和栽培中被广泛应用。

2. 无性繁殖

嫁接技术是植物的一种无性繁殖方法。通过嫁接，可以从母本植株中取下一部分枝条或叶片，然后将其插入土壤或其他培养基中，使其生根并长出新的植株。这种无性繁殖方法可以保留母本植株的遗传特性，同时节省繁殖时间，多个复制品相对快速地产生。

3. 离体培养和组织培养

离体培养和组织培养是一种在无菌条件下利用植物组织或细胞进行繁殖的技术。通过离体培养和组织培养，可以从植物的种子、茎尖、叶片等部位获得原始组织，然后在适当的培养基上培养和繁殖植株。该技术可以快速繁殖优良植株、实现大规模繁殖、病毒测试等。

4. 基因工程和遗传改良

嫁接和繁殖技术为基因工程提供了理论和实践基础。利用嫁接技术，可以将外源基因或关键基因导入植物细胞，实现遗传改良和基因转化。这为培育具有新品质和抗性的转基因植物品种提供了有效的途径。

这些成就在嫁接和繁殖技术方面代表了一些重要的进展。嫁接和繁殖技术为植物繁殖和改良提供了有效的手段，使得人们能够更好地控制和利用植物的遗传资源，为农业、园艺和林业等领域提供了许多好处。随着技术的进一步发展和创新，预计嫁接和繁殖技术将继续取得更多的成就和应用。

三、园艺育种途径

园艺育种是一项重要的园艺技术，通过选择性育种和交配，旨在培育出具有特定特征和优点的新品种。

（一）杂交育种

杂交育种是一种常用的育种途径。

1. 杂交育种的原理

杂交育种是指将两个不同的亲本进行人工授粉、结合，使其基因进行重新组合，培育出具有两个亲本优点的新品种。通过杂交，可以产生优势杂种，具有产量高、抗病性和适应性强的优点。

2. 选择亲本

在杂交育种中，选择适合杂交的亲本植株非常重要。通常，选择具有不同但互补的特点和优点的亲本进行杂交，以期通过基因组合的创新来改良植物品种。选择亲本时还需要考虑其亲缘关系、亲本的纯度和稳定性等因素。

3. 人工授粉

在杂交育种中，人工授粉是关键步骤之一。通常将雄性花部的花粉收集起来，然后将其传递到雌性花部的花柱上，使其受精。这可以通过手工操作或借助昆虫等传粉媒介来实现。

4. 杂交后代选择

杂交产生的后代称为杂种。在杂交育种中，需要对杂种进行筛选和评估，选择出具有优良性状的个体作为下一代的亲本。这涉及对产量、抗病性、外观、品质等多个方面进行评估和比较。

5. 品种稳定

杂交是一种初级育种手段，杂种在后代中的表现可能具有变异性。因此，为了稳定和固定杂交的优良性状，需要进行品种稳定化的工作，包括连续选择和自交等。

杂交育种作为园艺育种的一种重要途径，已经在多个作物领域取得了显著的成果。它通过利用基因组的重新组合，促进了优势性状的聚合和优良品种的产生，为人类提供了更好的食品、药材和观赏植物。

（二）选择育种

选择育种是一种通过选择具有优良性状的个体进行繁殖和选择的育种方法。其基本原理是在自然或人工选择中，选择具有所需要性状的植株作为亲本，通过连续选择、杂交和繁殖，逐渐固定并改进种质，培育出符合人类需求的新品种。选择育种的步骤主要包括以下几个方面。

1. 选择目标

首先确定育种的目标，确定所要改良的性状、产量、抗病虫害能力、品质等。

2. 收集种质资源

收集具有潜在优良性状的种质资源，包括野生种和栽培种。

3. 评估和筛选

通过田间观察、实验室分析或遗传分析等方法对种质资源进行评估和筛选，确定具有目标性状的个体作为亲本。

4. 杂交和繁殖

选择具有优良性状的亲本进行杂交和繁殖，产生第一代杂种。杂交的目的是融合父本的优点，产生更优良的后代。

5. 连续选择

对杂种的后代进行连续选择，根据目标性状进行评估和筛选。选择具有更优良性状的个体作为亲本，进行下一轮的杂交和繁殖。

6. 品种稳定

通过连续选择和自交等方法，逐渐稳定和固定优良性状，培育出稳定的新品种。

选择育种是一种常用的育种方法，可应用于各种园艺作物，如蔬菜、水果和花卉等。通过选择育种，可以改善植物的适应性、产量和品质，为人类提供更好的食品和观赏植物。

（三）基因工程技术

基因工程技术是一种新兴的育种方法，通过干预和改变植物的基因组，可以实现特定性状的增强和改良。在园艺育种中，基因工程技术广泛应用于不同植物种类，以提高产量、抗病虫害能力和改善品质。基因工程技术在园艺育种中的应用包括以下几个方面。

1. 耐逆性的提高

通过导入耐逆基因，如抗旱基因、耐盐基因等，可以增强植物对干旱、高温、盐碱等逆境的抗性。

2. 抗病虫害能力的提高

通过导入具有抗病虫害性状的基因，可以使植物具有更强的抗病虫害能力，减少对农药的依赖。

3. 品质的改良

通过导入调控品质的基因，如果糖合成酶基因、香气合成基因等，可以改善水果、蔬菜等园艺作物的口感、香气和营养价值。

4. 增加抗氧化能力

通过导入抗氧化基因，可以增强园艺作物的抗衰老能力，延长商品期。

5. 颜色和形态的改变

通过导入控制植物花色、叶色和形态的基因，可以调控园艺作物的花朵颜色、叶片颜色和形状，增加观赏价值。

基因工程技术为园艺育种提供了新的手段和途径，能够加速性状的改良，培育出更优良的品种。然而，基因工程技术的应用也需要严格的风险评估和监管，以确保对环境和人类健康的影响降到最小化。

四、育种目标

园艺育种的目标是通过选择和改良植物的性状，培育出符合人类需求的新品种，主要有产量和质量的提高、抗病虫害能力的增强、适应性的改善、商品性状的改良、健康和环保等。园艺育种的目标可以根据不同的作物和实际需求进行调整和设置。通过综合考虑并结合育种方法的选择和应用，园艺育种可以为人类提供更高产量、更好品质、更健康和环保的园艺作物品种。

（一）植物品种改良方面

植物品种改良是园艺育种的一个重要目标，通过选择和改进植物的性状和特点，培育出更适应人类需求的新品种。植物品种改良的主要目标包括增加产量、提

高品质、改善抗病虫害能力、提高适应性和改变外观等。

1. 增加产量

通过选择高产的亲本杂交并选择后代进行连续选择，以及使用基因工程技术等方法提高植物的产量。

2. 提高品质

品质包括味道、口感、香气和营养价值等。通过选择具有优良品质的亲本，连续选择后代并进行品质评估，培育出品质更好的植物品种。

3. 改善抗病虫害能力

通过选择具有抗病虫害性状的亲本，进行连续选择和杂交，并利用基因工程技术导入抗病虫害基因，改善植物的抗性。

4. 提高适应性

提高植物的适应性包括提高其对环境逆境的抗性，如抗旱、耐寒能力的改良。通过选择具有适应性强的亲本进行杂交和选育，以及利用基因工程技术导入适应性基因，增强植物的适应性。

5. 改变外观

改变植物的外观包括花色、叶片形状、果实形态等。通过选择具有期望外观特征的亲本，进行连续选择和杂交，以及利用基因工程技术导入控制外观特征的基因，改变植物的外观。

植物品种改良是园艺育种的重要目标，在人类需求的指导下，通过选择和改进植物的性状和特点，培育出更高产、优质、抗病虫害能力强、适应性强和具有吸引力的新品种。

（二）抗逆性和抗病虫害能力的提高方面

园艺作物的抗逆性和抗病虫害能力的提高是育种工作的重要目标之一。这是因为园艺作物易受到不利环境条件和各种病虫害的威胁，导致产量和品质下降。为了提高作物的适应性和生存能力，育种工作需要专注于以下几个方面。

1. 抗逆性的提高

育种工作致力于培育能在恶劣环境条件下生长和产量稳定的作物品种。这包括耐旱、耐寒、耐盐碱、耐病虫害等方面的抗逆性能力。通过选择具有抗逆性状的亲本材料进行杂交和选择，或者利用基因工程技术导入相关基因，可以提高作物的抗逆性能力。

2. 抗病虫害能力的提高

园艺作物常常面临各种病毒、细菌、真菌和害虫的侵害。因此，育种工作的目标之一是培育抗病虫害的作物品种。通过选择抗病虫害性状优良的亲本或者利用分子标记技术筛选具有抗病虫害基因的个体进行杂交和选择，来提高作物的抗病虫害能力。

通过不断深入研究和实践，园艺育种可以提高作物的抗逆性和抗病虫害能力，从而降低农业生产风险，增加产量和品质，实现可持续农业发展。

（三）产量和品质的提升方面

农业生产面临着不断增长的人口和食品需求，因此育种工作需要致力于培育高产量、高品质的作物品种。提升产量和品质的方法主要是选择亲本材料和基因改良。

1. 选择亲本材料

通过选择具有高产量抗逆性、抗病虫害性状以及具有良好品质特征（如口感、香气、甜度等）的亲本材料进行杂交和选择，遗传和积累有利特征。

2. 基因改良

基因工程技术可以被用来导入具有农艺性状提升潜力的基因。例如，在聚合酶链式反应（polymerase chain reaction，PCR）技术的帮助下，研究人员通过分子标记和定位基因，在园艺作物中引入抗病虫害基因或抗逆基因，从而提高产量和品质。

五、育种基础

（一）植物遗传资源的收集与保存

植物遗传资源是育种工作的基础和重要来源，它们包括各种植物种类、品种和种质资源。为了保护植物遗传资源的多样性和利用其潜力，收集和保存工作至关重要。

1. 收集方法

收集植物遗传资源的方法包括以下几种。

（1）野外采集

在野外寻找具有特殊遗传性状的植物，进行采集和收集。这种方法需要注意保护生态环境和物种的多样性。

（2）人工收集

通过人工培育和选择，收集具有特殊遗传性状的植物品种或种质资源。这种方法可以通过人工杂交和诱变等手段创造新的变异资源。

（3）种子交换

通过国际或国内的种子交换渠道，收集具有不同遗传性状的植物品种或种质资源。这种方法需要注意知识产权和种子品质的问题。

2. 保存方式

植物遗传资源的保存方式包括以下几种。

（1）种子保存

将种子保存在低温、干燥、通风等条件下，以延长种子的发芽率和保存时间。

（2）组织培养保存

将植物组织或细胞保存在无菌条件下，通过培养基、温度、光照等条件的控制，维持其生长状态和遗传稳定性。

（3）冷冻保存

将植物材料快速冷却至超低温，如液氮或深低温冰箱中，以暂停其细胞代谢活动，长期保存其遗传稳定性。

3. 植物遗传资源收集和保存的建议

（1）收集策略

根据研究和保护的目的，制定合适的收集策略，包括野外考察和采集，与农民和种植者合作进行田间调查和样品采集，以及收集来自其他研究机构和国际组织的样品等。应确保收集的种子、芽苗或组织样本具有代表性和多样性。

（2）合法合规

在进行植物遗传资源的收集时，需要遵守相关的法律法规和国际协议，涉及申请必要的许可证或采集许可，遵守物种保护法、知识产权法等相关规定，并且遵循道德伦理要求。

（3）样品处理

一旦收集到植物遗传资源样品，应及时进行处理以确保其保存质量，包括进行初步的鉴定、标识和分类，记录有关的信息如采集地点、日期、种属特征等。同时，样品还应该及时进行干燥、冷藏或冷冻，并且避免感染病毒、真菌和害虫等。

4. 储存方法

长期保存植物遗传资源可以使用不同的储存方法，如冷冻保存、干燥保存和组织培养保存等。每种储存方法都有其适用范围和条件，需要根据不同资源的特性和保存目标选择合适的方法。

5. 分享与合作

为了促进植物遗传资源的研究和利用，应该积极与其他研究机构和国际组织进行合作，通过建立植物遗传资源数据库、签订合作协议、开展交流研讨会等方式进行资源共享。

植物遗传资源的收集与保存是园艺育种的重要前提和基础。植物遗传资源是指具有某种特殊遗传性状的植物品种或种质资源，这些资源对于提高植物产量、改善品质、增强抗逆性等方面具有重要意义。

（二）遗传学知识在园艺育种中的应用

遗传学知识是园艺育种的重要基础和指导。园艺育种需要了解植物的遗传规律、性状遗传方式和基因表达特点等遗传学知识，才能更好地进行育种实践。

遗传学是研究基因传递和表现方式的科学，它在园艺育种中扮演着重要的角色。通过应用遗传学知识，育种者可以更好地理解植物的遗传特性，从而选择和改良植物的性状。以下是一些遗传学知识在园艺育种中的应用。

1. 遗传分析

通过遗传分析，可以确定植物的遗传性状是由哪些基因决定的。通过观察植物的表型和基因型数据，可以进行遗传图谱的构建和连锁分析，从而了解基因之间的相互作用关系。这有助于育种者预测和选择出具有目标性状的优良品种。

2. 杂交育种

杂交育种是通过交配不同种质的植物，利用其遗传差异性来获得优良品种。遗传学知识可以指导育种者选择合适的亲本植物，了解杂种后代的遗传特性，并进行合理的配对和杂交设计。这有助于提高植物品质、抗病性和适应性等性状。

3. 基因工程

基因工程是利用遗传学知识来改变植物基因组，以获得特定的性状或功能。通过转基因技术，可以向植物中导入外源基因或修改其内部基因表达模式，从而改变植物的性状。例如，增加作物抗病性、提高产量、改善品质等。

4. 遗传改良

遗传改良是通过选择和育种来改善特定性状的植物品种。通过遗传学知识，可以了解植物的遗传背景，并进行选择和配对以获得更优异的品种。遗传改良可以针对不同的性状，如产量、抗病性、耐逆性、品质等进行。

遗传学的应用在园艺育种中发挥着重要的作用，可以帮助育种者更好地了解植物基因组的组成和功能，指导杂交和选择工作，并提供新的创新途径来改善植物的性状和功能。这有助于培养出更适应不同环境和市场需求的优良园艺品种。植物遗传资源的收集与保存和遗传学知识在园艺育种中都起到了重要的作用。园艺育种需要通过收集和保存遗传资源，建立丰富的种质资源库，同时利用遗传学知识进行育种实践和技术创新，才能更好地提高植物的产量、品质和抗逆性等性状，为农业生产提供优质、高效的植物品种。

六、育种技术

（一）杂交育种技术

杂交育种技术是通过将不同种质的植物进行杂交，利用杂种的遗传优势来创造新的品种。以下是一些杂交育种技术的应用。

1. 杂交组合选择

根据目标性状和遗传背景，选择适宜的亲本植株进行杂交。通过交叉杂交或自交系杂交等方法，将两个具有互补遗传性状的植株进行杂交，从而获得更优异的杂种。

2. 杂交优势利用

杂交后代往往具有优于亲本的某些性状，这被称为杂种优势。利用杂种优势可以改善植物的产量、抗病性、适应性等性状。例如，利用杂种优势可以提高玉米的产量、改善西瓜的品质等。

3. 杂种系育种

通过自交杂交或连续回交的方法，将杂种稳定为杂种系，从而固定杂种的优异性状。这可以使杂种的性状更加稳定，并为进一步的育种工作提供基础。

（二）选择育种技术

选择育种技术是通过选择具有目标性状的个体进行繁殖，逐步改善植物品种的方法。以下是一些选择育种技术的应用。

1. 选择标定

根据目标性状，选择符合要求的植株作为育种材料，并将其标记，以便跟踪遗传信息和进行后续的选择育种工作。这可以通过观察表型性状、测量产量、抗性等指标来实现。

2. 小区法

将植株按照一定的组织形式划分成小区，对每个小区进行独立地选择和评估。通过比较不同小区的表现，选择出具有目标性状的优良个体。

3. 繁殖系列选择

通过连续选择，逐步改良植株的性状。选择表现最好的个体，并将其后代作为下一轮选择的材料。通过反复选择，逐渐筛选出更优异的个体。

（三）基因工程技术在园艺育种中的应用

基因工程技术是通过修改植物基因组，引入外源基因或改变内源基因表达模式，来改良植物品种的方法。以下是一些基因工程技术在园艺育种中的应用。

1. 基因转导

通过将外源基因导入植物细胞或胚胎中，使其在植株中表达。例如，向植物中导入抗病基因，可以增强植物的抗病性，减轻植物受病原体感染的程度。

2. 基因编辑

通过使用基因编辑技术，如 CRISPR/Cas9 系统，可以精确编辑植物基因组中的目标基因，实现精准的基因改良。例如，可以通过编辑植物基因组中的某些基因来提高果实的营养价值或改善植物的抗逆性。

3. 基因沉默

通过利用 RNA 干扰技术，抑制植物中特定基因的表达，以改变植物的性状。例如，通过抑制植物中的色素合成相关基因，可以改变花朵的颜色。

基因工程技术为园艺育种提供了一种新的手段，可以对植物的遗传组成进行准确的改造，以获得更优异的性状和改善植物的农艺性状。然而，在应用基因工程技术时，需要考虑生态环境和生态安全的因素，并严格遵守相关法律法规。

七、园艺技术存在的不足与展望

（一）遗传多样性保护方面

遗传多样性是指物种内部和物种之间的遗传差异及储备。保护遗传多样性对于园艺育种的可持续发展至关重要。以下是对遗传多样性的保护存在的不足和展望。

不足：由于人类活动和环境破坏，许多品种的遗传多样性丧失严重。种质资源的收集、保存和利用方面仍然存在不足，导致许多珍稀品种濒临灭绝。

展望：加强遗传多样性的保护是未来园艺技术发展的重要任务。通过建立遗传资源库、推动种质资源的收集和保存，并加强品种的广泛利用，可以更好地保护和利用遗传多样性。

（二）可持续发展方面

可持续发展是园艺技术发展的重要原则，在种植、育种和生产中需要合理利用资源并保护环境。以下是对资源的可持续利用存在的不足和展望。

不足：在一些地区，没有充分考虑资源的可持续利用和环境保护。持续使用化肥、农药和水资源的不合理消耗给土壤和生态环境带来了压力。

展望：未来应加强园艺技术的可持续发展研究和应用。采用有机肥料、生物防治和节水技术，优化土壤肥力管理，降低对化学农药的依赖，并促进循环农业的发展。

（三）技术创新和应用方面

技术创新对于园艺技术的发展至关重要。以下是园艺技术存在的不足和展望。

不足：园艺技术发展相对滞后，传统育种方法效率较低，疾病防治仍然依赖药物，生产方式仍然受限。

展望：未来需要加强园艺技术的创新和应用。利用现代生物学、遗传学、分子生物学和信息技术等新技术，加快育种进程，提高抗病性和适应性，促进园艺产业的创新发展。

综上所述，保护遗传多样性、推动可持续发展、加强技术创新和应用是园艺技术发展中的重要任务。通过加强资源保护、环境保护和技术创新，可以实现园艺产业的健康可持续发展。

第二节　椰子选育规则

一、作物品种特征、形成过程及类型

作物品种是人类在一定的生态条件和经济条件下，根据人类的需要所选育的某种作物的一定群体，品种具有相对稳定的生物学特性和遗传特征，且在形态学和经济性状上表现相对一致的植物群体。特定的品种与同种作物的其他群体在特征上有明显区别，且在相应地区和耕作条件下种植，应满足产量、抗性、品质等方面的生产发展需要。作物品种是人工进化、人工选择的结果，即育种的产物，是重要的农业生产资料。作物品种也有其在植物分类学的地位，从属于一定的种及亚种，但不同于分类学上的变种。变种是自然选择、自然进化的产物，一般不具上述特性和作用。

（一）作物品种的特征

每个作物品种都有与其生理特征、品种性状相适应的种植范围和栽培条件，所以优良品种一般都具有地区性和时间性。随着耕作条件和生态条件的变化，以及经济的发展和人们生活水平的提高，对品种的要求也会提高，所以需要不断地选育新品种。

农作物的品种通常具有3个基本特性：①特异性，指本品种具有一个或多个不同于其他品种的形态、生理等特征；②一致性，指同品种内植株的形态学性状、经济性状上表现相对整齐一致；③稳定性，指繁殖或再组成该品种时，品种的特异性和一致性能保持不变。在生产上有应用价值且被大面积推广种植的作物品种，还具备另一个基本特征，即品种综合性状的优良性。

（二）作物品种的形成

目前生产上广泛种植的作物品种都属于栽培植物，都是从野生植物演变而来的，这种演变发展的过程称为品种的进化过程。所有作物都起源其相应的野生植物，经历了漫长的自然选择和人工选择的过程。野生植物经驯化成为作物，又从古老的原始地方品种经不断选育发展为现代品种。

所有生物，包括野生植物和作物的进化取决于遗传、变异和选择3个基本因素。遗传和变异是进化的内因和基础，选择决定进化的发展方向。

1. 自然进化与人工进化

品种的自然进化,是各种作物品种的自然变异在自然选择条件下的进化。品种的自然进化一般较为缓慢,品种自然进化的方向决定于自然选择。自然选择会使有利于个体生存、繁殖的变异逐代得到积累加强,不利于繁衍的变异逐代被淘汰,同时增强作物群体对所处环境条件的适应性,从而形成新物种、亚种、变种、变型。

品种的人工进化,是人类为了发展生产的需要,人工创造变异并进行人工选择的进化,其中也包括有意识地利用自然变异及自然选择。人工选择是人类选择所需要的变异,并使其后代得到发展,从而培育出发展生产所需要的品种。现代人工选择的效率日益提高,创造所需要的新变异和鉴定目标性状的方法技术也有显著发展。品种的人工进化较为迅速,品种人工进化的方向决定于人为定向选择,现代的作物品种是在自然选择基础上的人工选择的产物。

自然进化使作物的抗病性、抗逆性、再生能力增强,但也会携带一些不良性状,如种子落粒性强、种子数目更多、重量更加轻、体积更小等,人工选择的目标往往涉及高产、优质等许多性状,与自然选择的方向有不同程度的矛盾,但自然选择的基本变异如生活力、结实性以及对所处环境条件的适应性、对胁迫因素的抗耐性等,也都是人工选择的基本性状。因此,人工选择不能脱离自然选择,应协调其与自然选择间的矛盾。作物育种实际上就是作物的人工进化,是适当利用自然进化的人工进化,其进程远比自然进化要快。作物育种的历史就是作物人工进化的历史。

2. 遗传改良的作用

遗传改良,又被称为作物品种改良,是指以遗传学和进化理论为基础,进行优良作物选育和优良品种繁殖。野生植物驯化为栽培植物的过程,就显示出遗传改良作用。随着生产力的发展,作物的种类得到不断丰富,据有充分科学根据的估算,中华人民共和国成立以来,新品种的应用在提高作物产量方面的贡献作用最大,占40%,同时品种的抗性和品质也有相应的提高与改善。

中华人民共和国成立以来,先后培育出 1 万多个主要农作物新品种(新组合),实现了 5 ～ 6 次大规模的品种更新换代,使我国农作物良种覆盖率从 1949 年的 0.06% 提高到目前的 95% 以上。新品种的选育与推广仍将是我国 21 世纪现代农业发展的重要因素。

优良品种是指在一定地区和耕作条件下能符合生产发展要求,并具有较高经济价值的品种。生产上所谓良种,应具有优良的品种品质和播种品质。优良品种在农业生产中的作用主要体现在以下5个方面：①提高单位面积产量；②改进产品品质；③保持稳产性和产品品质；④增强作物对不良环境的抗耐性，有利于扩大作物种植面积；⑤有利于耕作制度的改良、复种指数的提高、农业机械化的发展及劳动生产率的提高。作物的具体表现和效益还决定于耕作栽培措施以及环境、气候等条件。任何一个品种都不是万能的，优良的表现也是相对的，因而育种工作不可能一劳永逸，它是随着生产发展和科技进步而不断进展的。

3. 品种的类型

根据作物的繁殖方式、遗传基础、育性特点、商品种子的生产方法和利用形式等，可将作物品种分为以下四类。

（1）自交系品种

自交系品种又称纯系品种，是对遗传材料进行连续多代自交，并对自交后代加以选择而得到的同质纯合群体。自交系品种不仅包括自花授粉作物的品种，还包括常异花授粉作物的纯系品种，以及异花授粉作物的自交系品种。

一般认为，自交系的理论亲本系数达到0.87或更高，即后代群体中只要有达到或超过87%的植株具有与亲本相同的纯合基因型，这样的植株群体就是自交系品种。

（2）杂种品种

杂种品种是在严格选择亲本和控制授粉的条件下生产的各类杂交组合的杂种子一代（F1）植株群体。对杂种品种的植株个体而言，其基因型是高度杂合的，然而杂种品种的群体又具有较高的同质性，表现出很高的生产力。对于杂种品种，生产上通常只种植 F_1，即利用 F_1 的杂种优势。这一优势不能稳定遗传，因此到 F_2 代基因杂合度降低，导致产量下降，所以生产上一般不再利用。

过去杂种品种主要在异花授粉作物中利用，现在很多作物相继发现并育成了雄性不育系，解决了大量生产杂交种子的问题，使自花授粉作物和常异花授粉作物也可利用。

（3）群体品种

群体品种的基本特点是遗传基础比较复杂，群体内植株基因型有一定程度的杂合性和异质性。

异花授粉作物的自由授粉品种。自由授粉品种在种植时，品种内植株间随机授粉，也常和邻近的异品种授粉。这样由杂交、自交和姊妹交产生的后代，是一种特殊的异质杂合群体，但保持着一些本品种的主要特征特性，可以区别于其他品种。

异花授粉作物的综合品种。综合品种是一种特殊的异质杂合遗传平衡群体，由一组经过挑选的自交系采用人工控制授粉和在隔离区多代随机授粉组成。综合品种中的个体基因型杂合，个体间基因型异质，但也有一个或多个代表本品种特征的性状。

自花授粉作物的复合品种。复合品种是将两个以上的自花授粉作物的自交系进行杂交，然后将其种植在特殊环境中繁殖出的分离混合群体，主要靠自然选择筛选群体变异，逐渐形成的较稳定群体。这种群体内植株个体基因型纯合，个体间存在一定差异，但主要农艺性状差异较小，是特殊的异质纯合群体。

自花授粉作物的多系品种。多系品种由若干个近等基因系的种子混合繁殖而成。近等基因系具有相似的遗传背景，只在个别性状上存在差异或改善，因此，多系品种也被认为是保持了自交系品种大部分性状的特殊异质纯合群体。

（4）无性系品种

无性系品种是由一个无性系或几个遗传上近似的无性系经过营养器官繁殖而成的。它们的基因型由母体决定，表现型与母体相同。许多薯类作物和果树品种都属于无性系品种。由专性无融合生殖，如孤雌生殖、孤雄生殖等产生的种子繁殖的后代，最初得到的种子并未经过两性细胞的受精过程，而是由单性的性细胞或性器官的体细胞发育而成，这样繁殖出的后代，也是无性系品种。

（三）品种的选育

作物品种选育，就是作物品种的人工进化，以遗传学、进化论为主要基础，进行作物优良品种的选育及繁殖。作物的品种选育要综合应用多种学科知识，它涉及植物学、植物生理学、植物生态学、植物病理学、农业昆虫学、生物化学、农业气象学、生物统计与实验设计、生物技术、农产品加工学等领域的知识与研究方法，与作物栽培学也有着密切的联系。

作物的品种选育，要在研究和掌握作物性状遗传变异规律的基础上，发掘、研究和利用各种有关的作物资源，根据各地区气候条件制定有针对性的育种目标，在原有品种的基础上，采用适当的育种途径和方法，选育适于该地区生产发展需要的高产、稳产、优质、抗（耐）病虫害及环境胁迫、生育期适当、适应性较广的优良品种或杂种以及新作物。此外，在其繁殖、推广过程中，保持和提高其种性，提供数量多、质量好、成本低的生产用种，促进高产、优质、高效农业的发展。

二、椰子选育流程

（一）选育流程

1. 目标确定

确定选育椰子品种的目标，可以是提高产量、增强抗病性、改良果实品质等。

2. 种质收集

收集不同地区的椰子种质资源，包括不同品种和特性。确保收集的种质具有一定的遗传多样性，以便在后续的育种过程中能够进行交叉杂交和选择。

3. 发现或创造变异

通过自然选择或人工创造变异，如品种间杂交、远缘杂交、理化因素诱变、组织培养等途径，获取具有目标性状的个体或材料。

4. 选择与鉴定变异

根据目标性状和育种目标，对个体或材料进行选择和鉴定，选出符合育种要求的品系或基因型。

5. 品系的产量比较

将选出的品系进行产量比较试验，选出具有竞争力的新品系，并进行生产试验和区域试验。

6. 良种繁育

将经过产量比较试验和区域试验验证的优良品种进行繁殖和推广，确保品种的纯度和质量。

其中，育种程序中常用的方法包括单株选择法、混合选择法、杂交育种法等，不同方法的具体步骤和适用范围也有所不同。此外，对于自花授粉作物和常异花授粉作物，由于其繁殖方式和授粉方式不同，育种程序也有所区别。

（二）椰子选育过程注意事项

（1）确保种子来源的多样性，以便获得更大的遗传变异和选择空间。

（2）在杂交过程中，注意亲本的选择和优势互补，确保杂交后代具有多样化和优良性状。

（3）综合考虑矮化性状、抗病性、产量和果实品质等多个性状进行筛选和评估。

（4）进行充分的品种测试和示范种植，考虑不同地区和栽培条件下的适应性。

（5）关注市场需求，选育适合市场和消费者喜好的椰子品种。

椰子的选育是一个长期而复杂的过程，需要综合考虑椰子的生长习性、病虫害情况、果实品质和市场需求等因素，以提高椰子的产量和品质，推动椰子产业的发展。

三、椰子选育要求和原则

参照《植物新品种特异性、一致性和稳定性测试指南 椰子》（NY/T 2516—2013）。标准规定了椰子品种特异性、一致性和稳定性测试的技术要求和结果判定的一般原则，主要从以下几个方面来判定椰子品种。

（一）繁殖材料的要求

（1）繁殖材料以种果或种苗的形式提供。

（2）繁殖材料的数量。种果数量至少为 20 个，递交的种苗数量至少为 10 株。

（3）繁殖材料的标准。递交的繁殖材料应健康，活力高，无病虫侵害。繁殖材料的具体质量要求如下：递交的种果应成熟（响水），果皮光滑不皱，采摘后不超过 15 d，无病虫侵染，无检疫对象。递交的种苗应为该品种的定植期幼苗，苗高≥40 cm，叶片数为 3 片以上。

（4）繁殖材料处理。提交的繁殖材料一般不进行任何影响品种性状正常表达的处理。如果已处理，应提供处理的详细说明。

（二）测试方法

1. 测试周期

测试周期至少为 2 个独立的生长周期。生长周期为从活跃的营养生长或开花开始、经过持续活跃的营养生长或开花、果实发育直至果实收获的整个阶段，该阶段约 1 年。

2. 测试地点

测试通常在一个地点进行。如果某些性状在该地点不能充分表达，可在其他符合条件的地点对其进行观测。

3. 田间试验

（1）试验设计。申请品种和近似品种相邻种植，样本为 6 株。株距 600 ～ 750 cm，行距 600 ～ 900cm。

（2）田间管理。按《椰子栽培技术规程》（DB46/T 12）进行。

4. 性状观测

性状观测应按照表2-1列出的生育阶段进行。

表2-1 椰子生育阶段

代码	名称	描述
种果期		
00	成熟种果	种果从响水期至种果发芽前的状态
幼苗期		
10	船形叶期	从第一片船形叶伸出到第一片羽化叶出现之前的时期
13	叶片羽化期	第一片羽化叶出现至树干露干前的时期
树干形成期		
20	树干形成初期	树干刚刚露出地面的时期
27	树干形成后期	树干露出地面10个叶痕以上的时期（≥80cm）
开花期		
30	始花期	第一次开花
35	雄花盛花期	同一花序50%雄花盛开
36	雌花盛花期	同一花序50%雌花盛开
果实发育期		
40	幼果期	雌花授粉之后
45	嫩果期	果实体积达到最大，果肉形成，不响水，可鲜食
49	老果期（响水期）	椰果成熟，椰水减少，椰果响水

（三）特异性、一致性和稳定性结果的判定

1. 总体原则

特异性、一致性和稳定性的判定按照GB/T 19557.1确定的原则进行。

2. 特异性的判定

申请品种应明显区别于所有已知品种。在测试中，当申请品种至少在一个性状上与近似品种具有明显且可重现的差异时，即可判定申请品种具备特异性。

3. 一致性的判定

对于通过常规育成的品种，一致性判断时，应采用1%的群体标准和至少95%的接受概率，当样本大小为6株时，不允许有异型株的存在。

对于通过杂交育成的品种，一致性判断时，应采用5%的群体标准和至少95%的接受概率，当样本大小为6株时，最多可以允许有1株异型株。

4. 稳定性的判定

如果一个品种具备一致性，则可认为该品种具备稳定性。一般不对稳定性进行测试。必要时，可以种植该品种的下一代种苗，与以前提供的繁殖材料相比，若性状表达无明显变化，则可判定该品种具备稳定性。

杂交种的稳定性判定，除直接对杂交种本身进行测试外，还可以通过对其亲本系的一致性和稳定性鉴定的方法进行判定。

（四）性状表达

1. 概述

根据测试需要，将性状分为基本性状和选测性状，基本性状是测试中必须使用的性状，选测性状为依据申请者要求而进行附加测试的性状。

2. 表达类型

根据性状表达方式，将性状分为质量性状、假质量性状和数量性状 3 种类型。

3. 表达状态和相应代码

每个性状划分为一系列表达状态，以便于定义性状和规范描述；每个表达状态赋予一个相应的数字代码，以便于数据记录、处理和品种描述的建立与交流。

4. 标准品种

性状表中列出了部分性状有关表达状态可参考的标准品种，以助于确定相关性状的不同表达状态和校正环境因素引起的差异。

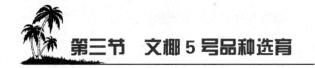

第三节　文椰 5 号品种选育

一、选育原则

（一）选育一般原则

1. 选择适合的亲本

选择具有优良性状和适应性的亲本，以期望其能产生具有遗传多样性和稳定性的后代。

2. 确定育种目标

明确育种目标，针对不同的育种目标，选择合适的亲本进行杂交。

3. 种子处理

对采收的种子进行适当处理，如去除外皮、清洗、消毒等，以提高其发芽率和生长速度。

4. 播种

选择合适的土壤和环境，进行播种，并注意保持土壤湿度。

5. 苗期管理

定期观察和记录幼苗的生长情况，及时进行移栽、施肥、浇水等管理措施，以保证其正常生长。

6. 杂交

根据育种目标，进行不同亲本之间的杂交，以产生具有优良性状的后代。

7. 筛选

对杂交后代进行筛选，选择具有优良性状和适应性的个体进行繁殖。

8. 繁殖

采用适当的繁殖方法，如扦插、嫁接等，对选定的个体进行繁殖，以获得大量的种苗。

9. 推广应用

将培育的新品种进行推广应用，以满足不同地区和环境的需求。

（二）选育的目标

椰子品种培育的目标主要是提高产量、改善品质、增强抗逆性和适应性，同时增加多样性，以满足不同环境和市场需求。与其他植物一样，椰子品种培育也致力于提高植物的生产效率、抗病性和抗逆性，以及保护植物种质资源，确保其可持续利用。具体来说，椰子品种培育的目标包括如下几点。

1. 提高产量

提高椰子的产量是椰子品种培育的主要目标之一。通过提高单株椰子的产量，可以增加农民的收入，提高经济效益。

2. 改善品质

椰子品种的品质包括椰子果的口感、香味、甜度、水分等。改善椰子品质可以提高消费者的满意度，增加市场需求。

3. 增强抗逆性和适应性

椰子品种培育的目标也包括增强椰子的抗逆性和适应性，使其能够在不同的环境和气候条件下生长和繁殖。例如，培育耐旱、耐寒、抗病的品种，可以增加椰子的种植面积，提高生产效率。

4. 增加多样性

增加椰子品种的多样性是椰子品种培育的重要目标之一。通过培育不同形态、生长习性和适应性的品种，可以满足不同地区和市场的需求，增加椰子产业的竞争力。

总之，椰子品种培育的目标与其他植物品种培育的目标类似，都是为了提高生产效率、适应性和多样性，同时增加市场需求，促进农业可持续发展。

二、选育布局

椰子（*Cocos nucifera* L.）是热带地区主要的木本油料作物，也是重要的食品能源作物，是多年生常绿乔木。广泛分布于世界上近 100 个国家和地区。我国椰子多生长在 18°～20°N，主要分布在海南及广东、云南、广西等部分地区。

椰子的种植成本低，综合利用价值高，是热带地区重要的经济作物。虽然我国椰子产业已经有一定的规模，尤其在椰子加工方面，已拥有比较完善的椰子产业链，椰子综合加工利用技术占据国际先进水平，而我国的椰子产品供不应求，中国是全球主要的进口国，据不完全统计，我国每年的椰子原料需求量超过 20 亿个，而国内椰子产量不足 4 亿个。市场供需矛盾十分突出。目前，椰子品种单一，国内椰子产量远远不能满足整个产业快速发展的需要，椰子产业发展过程中有许多需要解决的事情。

我国椰子种质资源类型单一，通过引进国外种质资源进行适应性研究，有利于解决我国椰子产业发展过程中存在的种质资源缺乏、品种更新难的问题，又可以缩短育种时间，加速育种进程。中国热带科学院椰子研究所结合市场发展动态及发展方向，本着"稳产、丰产、高抗、鲜食"的选育方向对引入我省的椰子品种或资源进行跟踪与观测，2000 年以来开展了大量的工作，把选育丰产、稳产、抗病性强的鲜食椰子新品种作为主要研究目标之一。自 2000 年起，先后在海南 9 个县（市）20 个乡镇对于引入我国的椰子新品种或资源进行初选、复选和决选，从 15 个优异单株选出了果小、水甘甜、经济性状优于"本地椰子"的新品种——"文椰 5 号"。

海南是我国唯一的热带省份，是热带植物的原生地，具有唯一性和不可替代性。椰子树是热带风光标志性景观树种，也是海南重要的经济树种和省树。种植椰子树是"绿化宝岛"，创造"生态岛"的最好途径，椰子在海南已有 2 000 多年的栽培历史，人们已经把椰子树作为海南的象征。2009 年《国务院关于推进海南国际旅游岛建设发展若干意见》指明了海南旅游岛的意义和方向等。

三、选育经过

2000 年起，在海南省 9 个县（市）20 个镇（点）椰子资源选出 15 个椰子资源优选株（表 2-2）。2007 年通过引进一批椰子品种采用椰子果繁育方式种植于万宁市兴隆，共建立 5 亩椰子测定试验林，林木分散于其他椰子品种间，2010—2016 年进行了实生苗开花结实生物学特性调查，抗病性，丰产性等观测；果实经济形状、农艺性状的评价，对照品种为"本地椰子"和"文椰 3 号"。

表 2-2　海南优选椰子各资源材料代码及编号

代码	资源编号	代码	资源编号	代码	资源编号
1	15-1	6	15-12	11	15-18
2	15-2	7	15-13	12	15-19
3	15-3	8	15-14	13	15-20
4	15-10	9	15-15	14	15-20-1
5	15-11	10	15-17	15	15-99

同时，项目组研究人员对 15 个椰子资源区进行跟踪调查和再次筛选。连续 6 年通过对精选的 8 个优良资源试验林生长特征、开花结果特性、光合特性调查等进行了系统观测，并对不同资源表现的特异性、一致性和稳定性测评，特别对椰子果实经济性状中的单果重、椰子水含量、甜度及蛋白质含量等方面综合评价，结果表明 8 个资源 4 个表现突出，其中，来自文昌东郊镇及东方市通天基地的"15-19"（"文椰 5 号"）性状优异，属于矮种椰子类型，该资源具有果小、高产、丰产、抗病性强等突出特点，椰果繁育与母树性状表现一致，在不同区域种植稳定。"文椰 5 号"适合在海南省种植。

（一）资源基本情况

资源主要分布于海南各市县，海拔 49 ～ 52m 高度的地域（表 2-3）。

表 2-3 海南椰子资源采样地点概况

地域	地点	海拔 / m	林分	树龄 / 年
儋州市	东泰儋州	3.6	不同品种混合林	8
	雅星镇	5.8	橡胶混合林	9
	海头镇	3.7	橡胶混合林	8
海口市	三江农场	1.4	杂树混合林	6
	长流镇	17	杂树混合林	5
文昌市	建华山	18.9	不同品种混合林	6
	东郊椰林	5.6	不同品种混合林	9
	铺前镇	6.3	木麻黄混合林	3
	迈号镇	17	不同品种混合林	7
万宁市	兴隆镇	51.8	不同品种混合林	12
	万成镇	51.8	不同品种混合林	9
琼中黎族自治县	长征镇	319	橡胶混合林	3
	营根镇	159	橡胶混合林	4
屯昌县	枫木镇	142	杂树混合林	4
	南吕镇	124	橡胶混合林	3
三亚市	崖城镇	2.3	杧果混合林	7
	南雅八队	220.1	杧果混合林	3
东方市	东泰通天	2.1	不同品种混合林	14
昌江黎族自治县	十月田镇	73	不同品种混合林	5
	乌烈镇	6.5	不同品种混合林	4

资源生长区域土壤为砂壤土或红土，气候为热带季风气候区。气候温和、温差小、积温高，年平均气温 24℃，最冷月平均气温 18.7℃，最热月平均 28.5℃，全年无霜冻，气候宜人。雨量充沛，年平均降水量 2 400mm 左右。日照长，年日照时数平均在 1 800h 以上。

（二）椰子树型、茎叶形态特征的比较分析

类型 15-2 和类型 15-3 叶柄分别为黄绿色和棕绿色，其他皆为绿色。叶痕间距 0.45cm 以下的只有类型 15-17，为 0.43cm，以及类型 15-19 为 0.40cm（表 2-4）。

表 2-4　不同类株高、茎叶形态特征

类型	株高	茎高	0.2m 茎围	1.5m 茎围	叶痕间距	葫芦头	叶柄颜色
15-1	7.48	1.62	0.89	0.52	0.87	明显	绿色
15-2	6.04	1.07	0.89	0.67	0.61	无	黄绿色
15-3	4.53	0.68	0.93	0.85	0.65	无	棕绿色
15-10	3.69	1.24	0.72	0.61	0.53	无	绿色
15-11	7.12	1.82	0.95	0.62	0.55	明显	绿色
15-12	7.02	1.62	0.77	0.62	0.87	无	绿色
15-13	4.21	1.68	0.83	0.75	0.55	无	棕绿色
15-14	4.32	1.23	0.91	0.72	0.74	无	绿色
15-15	4.21	1.45	0.95	0.81	0.85	无	绿色
15-17	5.69	1.42	0.55	0.52	0.43	无	绿色
15-18	5.51	1.56	0.62	0.51	0.46	无	棕绿色
15-19	4.20	2.01	0.58	0.57	0.40	无	棕红色
15-20	3.47	1.43	1.02	0.92	0.91	无	绿色
15-20-1	6.12	1.56	0.98	0.88	1.05	无	绿色
15-99	6.04	1.76	0.79	0.75	0.96	无	黄绿色
文椰 3 号	4.53	2.68	0.63	0.45	0.45	无	红色
本地绿	9.69	6.42	1.32	0.82	1.03	明显	绿色

　　叶片数都在 21 ～ 27 之间（表 2-5），各类型存在一定的差异，类型 15-17、类型 15-3 与类型 15-1 之间显著差异，叶片数分别是 22、21 和 27 片。而类型 15-1 与类型 15-2 及类型 15-11 与类型 15-17、类型 15-3 和类型 15-18 之间差异不明显。第一叶片的长度、宽度各类型间差异显著，而叶柄长、宽及厚差异不明显。从总体生长势和生长量来看（表 2-5），类型 15-11 和类型 15-1 的生长势最强，类型 15-2、类型 15-19 次之，类型 15-17、类型 15-18 和类型 15-3 椰子表现最差。

表 2-5　不同类叶片性状

类型	叶片数（片）	第一片叶					小叶		
		长度 / m	宽度 / m	叶柄长 /cm	叶柄宽 / cm	叶柄厚 / cm	数量 / 片	长度 / m	宽度 /m
15-1	27	5.99	2.2	1.78	0.47	0.24	209	1.15	0.04
15-2	25	5.23	1.62	1.39	0.17	0.3	205	1.01	0.05
15-3	21	3.95	1.10	1.53	0.39	0.2	169	0.91	0.04
15-10	23	5.14	0.86	0.6	0.25	0.28	180	1.04	0.05
15-11	23	5.47	2.17	1.57	0.62	0.32	222	1.1	0.06

续表

类型	叶片数（片）	第一片叶					小叶		
		长度/m	宽度/m	叶柄长/cm	叶柄宽/cm	叶柄厚/cm	数量/片	长度/m	宽度/m
15-12	25	4.19	1.22	1.15	0.47	0.24	209	1.78	0.06
15-13	22	3.95	1.23	0.91	0.39	0.22	169	1.53	0.03
15-14	20	4.14	0.67	0.63	0.55	0.28	180	1.04	0.06
15-15	24	5.47	1.12	1.15	0.43	0.32	222	1.57	0.06
15-17	22	4.14	0.87	1.04	0.25	0.28	180	1.6	0.04
15-18	22	4.21	1.02	1.12	0.27	0.31	200	1.12	0.06
15-19	22	4.03	1.43	0.86	0.37	0.33	205	1.39	0.05
15-20	26	4.99	1.89	1.15	0.57	0.24	209	1.78	0.04
15-20-1	24	4.47	1.03	1.1	0.62	0.32	222	1.57	0.04
15-99	24	4.53	1.67	1.12	0.67	0.32	205	1.39	0.05
文椰3号	21	4.95	1.64	0.91	0.32	0.22	169	1.43	0.06
本地绿	28	6.14	2.87	0.62	0.25	0.28	180	1.04	0.06

（三）花序形态特征比较分析

表2-6所示，类型15-2、类型15-3、类型15-20-1、类型15-12和类型15-19的佛焰苞、花序、小穗轴、雄花、雌花和萼片颜色分别是浅红色和棕色，其他类型都为绿色（除了文椰3号）。

表2-6　不同类花序颜色特征

类型	颜色					
	佛焰苞	花序	小穗轴	雄花	雌花	萼片
15-1	绿色	绿色	绿色	绿色	绿色	绿色
15-2	浅红	浅红	浅红	浅红	浅红	浅红
15-3	棕色	棕色	棕色	棕色	棕色	棕色
15-10	绿色	绿色	绿色	绿色	绿色	绿色
15-11	绿色	绿色	绿色	绿色	绿色	绿色
15-12	浅红	浅红	浅红	浅红	浅红	浅红
15-13	绿色	绿色	绿色	绿色	绿色	绿色
15-14	绿色	绿色	绿色	绿色	绿色	绿色
15-15	绿色	绿色	绿色	绿色	绿色	绿色

类型	颜色					
	佛焰苞	花序	小穗轴	雄花	雌花	萼片
15-17	绿色	绿色	绿色	绿色	绿色	绿色
15-18	绿色	绿色	绿色	绿色	绿色	绿色
15-19	棕色	棕色	棕色	棕色	棕色	棕色
15-20	绿色	绿色	绿色	绿色	绿色	绿色
15-20-1	浅红	浅红	浅红	浅红	浅红	浅红
15-99	绿色	绿色	绿色	绿色	绿色	绿色
文椰 3 号	红色	红色	红色	红色	红色	红色
本地绿	绿色	绿色	绿色	绿色	绿色	绿色

由表 2-7 可知，以类型本地绿与类型 15-12 花序最长，分别为 1.02m 和 0.94m，次之是类型 15-1 和类型 15-20-1，其值分别为 0.89m 和 0.87m，最短的是类型 15-10 其值为 0.49m。类型 15-1 与"文椰 3 号"的佛焰苞长度差异显著，其他如类型 15-11、类型 15-14 和类型 15-17 之间差异不明显。类型 15-2、"文椰 3 号"和类型 15-3 雌花数量差异极显著，但类型 15-20、本地绿和类型 15-12 差异不显著。

表 2-7　不同类花序、佛焰苞和雌花性状

类型	花序				佛焰苞		雌花	
	长度 /m	中轴长 /m	柄长 /m	柄粗 /cm	长度 /m	直径 /cm	数量 /个	直径 /cm
15-1	0.89	0.62	0.31	0.18	0.94	0.18	26	0.04
15-2	0.73	0.31	0.32	0.27	0.7	0.17	17	0.03
15-3	0.77	0.37	0.31	0.29	0.58	0.20	37	0.03
15-10	0.49	0.25	0.26	0.26	0.67	0.15	22	0.04
15-11	0.62	0.28	0.37	0.24	0.47	0.18	29	0.04
15-12	0.94	0.31	0.28	0.22	0.79	0.15	26	0.04
15-13	0.58	0.31	0.22	0.56	0.77	0.18	27	0.04
15-14	0.67	0.28	0.25	0.23	0.49	0.16	30	0.02
15-15	0.82	0.28	0.67	0.24	0.87	0.18	27	0.04
15-17	0.67	0.28	0.25	0.23	0.49	0.16	28	0.02
15-18	0.66	0.32	0.25	0.22	0.51	0.16	27	0.02

第二章 文椰 5 号新品种培育

续表

类型	花序				佛焰苞		雌花	
	长度（m）	中轴长 /m	柄长 /m	柄粗 /cm	长度 /m	直径 /cm	数量 / 个	直径 /cm
15–19	0.78	0.34	0.23	0.23	0.83	0.16	22	0.03
15–20	0.77	0.62	0.31	0.28	0.94	0.16	26	0.04
15–20–1	0.87	0.67	0.28	0.28	0.92	0.20	26	0.04
15–99	0.78	0.31	0.28	0.27	0.7	0.13	27	0.03
文椰 3 号	0.63	0.37	0.22	0.20	0.41	0.15	20	0.03
本地绿	1.02	0.82	0.67	0.24	0.87	0.22	29	0.04

（四）椰果形态比较分析

1. 果重

椰子果重是评估椰子产量高低的主要指标之一。由表 2-8 可知，根据单果重，椰子资源可分为三个级别。第一个级别是 2.0kg 以上，包括类型 15-2、类型 15-3 和本地绿；第二个级别是 1 ～ 2kg，包括类型 15-10、类型 15-11、类型 15-12、类型 15-14、类型 15-15、类型 15-20-1、类型 15-99；第三是级别是小于 1.0kg，包括类型 15-1、类型 15-13、类型 15-17、类型 15-18、类型 15-19 和"文椰 3 号"。

表 2-8　椰果农艺性状

类型	果形	核形	单果重 /kg	果形指数	核形指数	蒂孔距 /cm	可食率 /%	颜色			
								果皮	果纤维	果肉	果蒂
15–1	圆形	圆形	0.83	1.24	1.09	4.61	45.5	绿色	白色	白色	绿色
15–2	长圆形	圆形	2.03	1.14	1.07	4.25	42.5	绿色	白色	白色	绿色
15–3	长圆形	圆形	2.08	1.08	0.98	5.41	32.4	红色	白色	白色	红色
15–10	圆形	圆形	1.37	1.23	0.99	8.12	25.22	红色	白色	白色	红色
15–11	长圆形	圆形	1.35	1.31	1.18	6.00	44	红色	白色	白色	红色
15–12	圆形	圆形	1.93	1.07	1.03	3.45	38	红色	粉红色	白色	红色
15–13	长圆形	圆形	0.98	1.24	1.04	4.50	50.5	白色	白色	白色	白色
15–14	长圆形	圆形	1.78	1.13	1.11	3.25	41.2	棕红色	白色	白色	棕红色
15–15	椭圆形	圆形	1.51	1.20	1.04	3.50	49	黄色	白色	白色	黄色
15–17	长圆形	圆形	0.50	1.33	1.04	6.45	50	绿色	白色	白色	绿色
15–18	长圆形	圆形	0.98	1.14	1.21	5.50	50.5	白色	白色	白色	白色

类型	果形	核形	单果重/kg	果形指数	核形指数	蒂孔距/cm	可食率/%	颜色			
								果皮	果纤维	果肉	果蒂
15-19	卵圆形	圆形	0.55	1.02	0.96	4.80	53	棕红色	白色	白色	绿色
15-20	圆形	圆形	1.43	1.17	1.03	2.50	43.5	绿色	白色	白色	绿色
15-20-1	椭圆形	圆形	1.69	1.14	1.01	5.35	48	绿色	白色	白色	绿色
15-99	圆形	圆形	1.83	1.24	1.09	4.61	45.5	绿色	白色	白色	绿色
文椰 3 号	卵圆形	圆形	0.95	1.22	1.03	4.50	48.3	红色	白色	白色	红色
本地绿	长圆形	圆形	2.45	1.14	1.17	3.25	46.5	绿色	白色	白色	绿色

2. 可食率

从表 2-8 可看出，可食率高于 50% 的为类型 15-13、类型 15-17、类型 15-18 和类型 15-19，其值分别是 50.5%、50%、50.5% 和 53%；可食率在 40% ～ 50% 之间的有类型 15-1、类型 15-2、类型 15-11、类型 15-14、类型 15-15、类型 15-20、类型 15-20-1、类型 15-99、"文椰 3 号"和本地绿，其值分别是 45.5%、42.5%、44%、41.2%、49%、43.5%、48%、45.5%、48.3% 和 46.5%；可食率在 30% ～ 40% 之间的有类型 15-3 和类型 15-12，其值分别是 32.4% 和 38%；可食率在 30% 以下的类型有 15-10，其值是 25.22%。显著性检验结果表明，其中可食率 ≥ 50% 与可食率 40% ～ 50%、30% ～ 40% 的类型之间差异不显著，而与可食率 ≤ 30% 的类型差异显著。

3. 蒂孔距

蒂孔距指标见表 2-8，≥ 6cm 以上的仅有类型 15-10、类型 15-11、类型 15-17；蒂孔距 5 ～ 6cm 的有类型 15-3、类型 15-18 和类型 15-20-1；蒂孔距 4 ～ 5cm 的有类型 15-1、类型 15-2、类型 15-13、类型 15-19、类型 15-99 和"文椰 3 号"；蒂孔距 ≤ 4cm 的有类型 15-12、类型 15-14、类型 15-15、类型 15-20 和本地绿。

4. 颜色

果皮和果蒂颜色反映了类型的颜色（表 2-8），两者之间的颜色相同。果肉颜色各类型相同，皆为白色；果纤维颜色除了类型 15-12 为粉红色外，其他类型皆为白色。

5. 果形指数

核果形观察结果相同，椰子果形各类型间有所不同（表 2-8）。显著性检验结果表明，果形指数方面，类型 15-17 与类型 15-3、类型 15-12 和类型 15-19 间差异极显著，而与类型 15-1 差异显著，与类型 15-11 差异不显著。核形指数

≥ 1.15，有类型 15-11、类型 15-18 和本地绿。

核形指数在 1.00 ～ 1.15 之间的有类型 15-1、类型 15-2、类型 15-12、类型 15-13、类型 15-14、类型 15-15、类型 15-17、类型 15-20、类型 15-20-1、类型 15-99 和"文椰 3 号"；核形指数 ≤ 1 的有类型 15-3、类型 15-10 和类型 15-19。显著性检验结果表明，核形指数 ≥ 1.15 与核形指数 ≤ 1 间差异极限著，而两者与核形指数在 1.00 ～ 1.15 类型间差异不显著。

总之，不同类型之间果形指数和核形指数变化较大，椰果重差异极显著，其他指标各自存在一定差异。

（五）椰果品质比较分析

1. 椰子水

（1）TSS

根据表 2-9，椰子的 TSS 可分为三类，第一类 TSS ≥ 6.80%，有类型 15-1、类型 15-19，它们之间差异不显著；第二类 TSS 在 5.5% ～ 6.8% 的有类型 15-14；第三类 TSS ≤ 5.5% 的有类型 15-2、类型 15-3、类型 15-12、类型 15-13、类型 15-17、类型 15-18、类型 15-20-1 和本地绿，显著性检验结果表明，其中，类型 15-13 与类型 15-12、类型 15-15、类型 15-20 差异显著。

（2）总酸

椰子水有机酸比例很低，根据表 2-9，可分为 3 类，第一类比值 ≤ 0.35‰，有类型 15-10、类型 15-11、类型 15-12、类型 15-13、类型 15-14、类型 15-17、类型 15-18；第二类比值为 0.36‰～ 0.40‰，有类型 15-2、类型 15-3、类型 15-19、类型 15-20 和"文椰 3 号"；第三类 TSS ＞ 0.40%，有类型 15-1、类型 15-10、类型 15-15、类型 15-20-1、类型 15-99 和本地绿。显著性检验结果表明，三类间差异不显著，但类型 15-20-1 和类型 15-12 差异极显著。

（3）总糖

椰子类型的总糖含量见表 2-9，类型 15-14、类型 15-20-1 与类型 15-20 差异极显著，其他类型差异不显著。椰子水可溶性糖含量的差异较大，第一类总糖低于 3%，有类型 15-1、类型 15-2、类型 15-10、类型 15-15、类型 15-20 和类型 15-99；第二类总糖在 3% ～ 3.5%，有类型 15-3、类型 15-11、类型 15-13、类型 15-14 和类型 15-17；第三类总糖 ＞ 3.5%，有类型 15-12、类型 15-18、类型 15-19、"文椰 3 号"和本地绿。

（4）比值和风味

由表 2-9 可知，风味、固酸比和总糖 / 总酸皆可以分成三类。风味，第一类 3.18 以下，有类型 15-20；第二类 3.18 ～ 3.90 之间，有类型 15-10、类型 15-12、类型 15-13、类型 15-14、类型 15-15、类型 15-18 和类型 15-99；第三类 4 以上，有类型 15-1、15-11、15-17、15-20-1、"文椰 3 号"和本地绿，显著性检验结果表明，第一类与第三类差异显著，但二者与第二类差异不显著。

固酸比从表 2-9 可以看出，第一类 130 以下，有类型 15-10、类型 15-11、类型 15-15、类型 15-20 和类型 15-99；第二类 130 ～ 170，有类型 15-2、类型 15-3、类型 15-13、类型 15-14、类型 15-20-1 和本地绿；第三类 170 以上，有类型 15-1、类型 15-12、类型 15-17 和本地绿。显著性检验结果表明，第一类和第三类差异显著，二者与第二类差异不显著。

总糖 / 总酸比表 2-9 可以看出，第一类比值 74 以下，有类型 15-1、类型 15-10、类型 15-15、类型 15-20 和类型 15-99；第二类比值 74 ～ 100，有类型 15-2、类型 15-3、类型 15-11、类型 15-17 和类型 15-20-1；第三类比值高于 100，有类型 15-12、类型 15-18、类型 15-19 和"文椰 3 号"。显著性检验结果表明，第二类和第一类、第三类之间差异不显著，但第一类和第三类之间差异显著。

表 2-9　椰果品质性状

类型	椰子水						椰子肉	
	果实风味	TSS/%	总酸 /‰	总糖 /%	总糖 / 总酸	固酸比	蛋白质 /%	脂肪 /%
15-1	4.83	7	0.4	2.88	73.77	181.57	3.36	10.15
15-2	4	5.83	0.36	2.88	80.73	162.43	3.58	15.08
15-3	4	6.07	0.38	3.28	87.23	163.47	3.63	15.74
15-10	3.5	4.2	0.43	2.57	60.47	99.33	2.72	11.03
15-11	4.83	4.1	0.34	3.35	99.03	120.8	4.35	15.03
15-12	3.5	6.77	0.32	3.87	122.07	213.9	2.95	18.23
15-13	3.83	5.5	0.33	3.43	107.33	165.23	3.3	18.17
15-14	3.5	4.4	0.3	3.37	103.5	145.49	2.69	9.00
15-15	3.33	3.63	0.43	2.6	61.03	96.33	1.33	10.7
15-17	4.17	6.5	0.35	3.43	99.23	188.17	2.86	13.35
15-18	3.51	6.78	0.33	3.81	102.07	210.91	2.25	18.43
15-19	5	6.87	0.36	3.87	110.67	192.1	3.41	3.90

续表

类型	椰子水						椰子肉	
	果实风味	TSS/%	总酸 /‰	总糖 /%	总糖 / 总酸	固酸比	蛋白质 /%	脂肪 /%
15-20	3.17	3.6	0.37	2.13	57.6	85.27	1.12	9.87
15-20-1	4.83	6.27	0.47	4.1	87.9	134.63	2.84	11.4
15-99	3.5	4.2	0.43	2.57	60.47	99.33	2.72	11.03
文椰 3 号	4.5	5.23	0.36	3.87	110.67	192.1	3.52	9.07
本地绿	4.83	6.27	0.47	4.1	87.9	134.63	2.84	11.4

2. 椰子肉

椰子肉蛋白质含量见表 2-9，显著性检验结果表明，类型 15-11 与其他 16 个类型都具有差异极显著关系，其蛋白质含量为 4.35%，类型 15-2、类型 15-3 分别与类型 15-12、类型 15-15、类型 15-19 和类型 15-20 具有差异极显著关系，其蛋白质含量分别是 3.63%、3.58%、2.95%，3.41%，1.12% 和 1.33%。

椰子类型脂肪含量从表 2-9 可以看出，类型 15-12、类型 15-13 和类型 15-18 分别与其他类型都具有极显著差异，其比值分别为 18.23%、18.17% 和 18.43%。

总之，品质指标的综合分析表明，类型 15-19、"文椰 3 号"和类型 15-14 的综合品质表现较好。

（六）椰果指标分析

1. 椰果指标相关性分析

核形指数与果形指数、TSS 和固酸比、总糖和糖酸比，固酸比与糖酸比都呈极显著正相关，果重与食用率、总糖、TSS，蒂孔距与食用率，食用率与 TSS，总糖与固酸比，TSS 与糖酸比呈显著正相关，而果形指数和核形指数与果重呈显著负相关。

果重分别和蒂孔距、TSS、总酸比、固酸比、蛋白质含量和脂肪含量呈正相关；果形指数分别和 TSS、蛋白质含量和脂肪含量呈正相关；蒂孔距分别与果重、果形指数、核形指数、总酸、总糖、固酸比、蛋白质含量、脂肪含量都分别呈正相关；但以上正相关都未达到显著差异水平。果重与总酸呈负相关；果形指数分别食用率、脂肪含量、总糖、糖酸比和固酸比呈负相关；核形指数与食用率、总酸、总糖呈负相关；总蛋白质含量与固酸比呈负相关；总酸与脂肪含量、总糖、固酸比呈负相关；但以上负相关都未达到显著差异的水平。由以上分析可知，蒂孔距和 TSS 分别与其他指标呈正相关。

2. 椰果指标聚类分析

根据聚类分析结果可知（图2-1），核形指数与果形指数聚为一类，果形指数、蒂孔距、食用率分别与果重聚为一类，即为相似水平类；而食用率与蒂孔距、果形指数和核形指数无相似性。

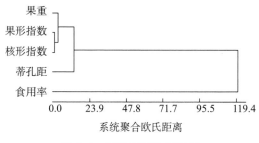

图 2-1 椰果形态性状聚类

根据聚类分析结果可知（图2-2），总糖和蛋白质含量先聚为一类，之后分别与 TSS、总酸、脂肪含量聚为一类，即为相似水平类。

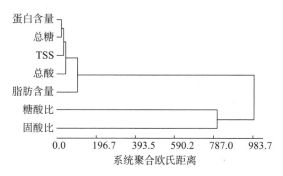

图 2-2 椰果品质性状聚类

由聚类分析结果可知（图2-3），核形指数与果形指数聚先为一类，距离为0.474 8，然后果形指数与果重聚为一类，距离为 2.840 5，总酸与果形指数聚为一类，距离为 2.456 0，即为相似水平类。其次是 TSS、总糖、蒂孔距、蛋白质含量、脂肪含量与果重聚类，再次是食用率，糖酸比和固酸比与果重进行聚类。

其中，同为一类的指标可以进行简化，用一个因素代表其他因素。在第一类群中，外观评价指标，果重、果形指数、核形指数和蒂孔距在一类，果重和蒂孔距更能全面的反映果实的大小，可选择果重与蒂孔距代表外观指标。果实内在品质评价指标，固酸比和 TSS 的相关性大于糖酸比与 TSS 的相关性，可选择固酸比代替糖酸比。

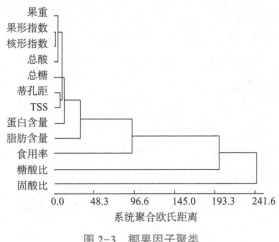

图 2-3　椰果因子聚类

四、果实性状

椰子正常成熟需要 12 个月，每年的白露（9 月上旬）前后成熟，果实 12 个月成熟，果棕红色，圆形，每年有 10 束果穗，每束 15 个椰果，平均单果重 0.55kg，果实纵径 17.18mm，果实横径 16.81mm，果皮厚度 7.41mm，椰子水容量约 350mL，可食率 53.00%。种植第三年部分开花，第四年开始挂果；连续测产，亩产鲜果 1 600 个，盛产期亩产鲜果 2 800 个。与对照品种"文椰 3 号"及本地高种椰子主要果实性状比较见表 2-10。

表 2-10　"文椰 5 号"和对照椰子主要果实性状比较

品种	果色	果形	单果重 /kg	椰水容量 /mL	椰肉重 /kg	纤维厚度 /mm	可溶性固形物 /%
文椰 5 号	棕红	圆形	0.55	350	0.27	7.24	7.6 ～ 8.5
文椰 3 号	红色	卵圆	0.98	400	0.42	8.67	5.0 ～ 7.1
本地高种	绿色	长圆	1.63	750	0.84	11.08	5.0 ～ 6.5

五、植物学性状

树体生长旺盛，植株矮小，树姿直立，基部没有膨大，树冠舒展，树皮灰褐色，叶痕明显。叶片羽状全裂，平均叶长 3.3m，有 84 对小叶，平均小叶长 87cm，宽 3.5cm；叶柄无刺裂片呈线状披针形，叶片和叶柄均呈红褐色；穗状肉质花序，佛焰花苞，平均花序长 93cm，花轴、花柄较短；雌雄同株，花期重叠，自花授粉，周年开花；果实小，圆形，果重 0.55kg。

六、生物学性状

（一）生长习性

树体生长旺盛，树姿直立，基部没有膨大，树冠舒展，树皮灰褐色，叶痕明显。一般种植后 3 ～ 4 年开花结果，7 年后达到高产期，其自然寿命约 60 年，经济寿命约 35 年。雌雄同株，花期重叠，自花授粉，周年开花。果实小圆润，果重 0.55kg，产量高，平均株产一般 140 个，高产的可达 300 多个。每年有 12 ～ 13 个叶片，叶片围绕树干螺旋生长，每个叶腋内孕育着一个花苞，每抽生第三个叶片时候花苞开放，开花温度不低于 18℃。

（二）开花结果习性

"文椰 5 号"是雌雄同株同序异花植物，花为佛焰花序。每个叶腋中只有一个花序，属于变态腋芽。一年有 12 个花序。花序的分化在开花前 3 年开始。在开花前 2 年就分化出花序的苞片，大约过半年小穗开始出现。椰子花序与相应的叶片发育同时发育，叶原基开始分化后 4 个月，就可以看到花序原基，再过 22 个月花序长成几厘米，开始分化雄花雌花，约 1 年后佛焰花开裂，过 12 个月果实成熟。

（三）抗性

1. 抗风性

海南岛属于热带边缘地带季风气候区，每年 5—11 月均有热带风暴和台风袭击，经多年多点调查，结果表明，"文椰 5 号"椰子的抗风性比海南本地高种稍差。主要表现是：7 ～ 8 级强风对其影响不大，9 ～ 10 级台风会吹断少数叶片，小叶被吹裂，并出现少量落裂果现象，11 级以上的强风会对椰树有较大影响。结果见表 2-11。

表 2-11　2014 年台风对不同地区"文椰 5 号"的影响情况　　　　　　（%）

品种	文昌清澜				东方通天				万宁兴隆			
	叶害率	平均断叶率	吹斜倒率	落裂果率	叶害率	平均断叶率	吹斜倒率	落裂果率	叶害率	平均断叶率	吹斜倒率	落裂果率
文椰 5 号	11.4	1.2	0	14.7	15.7	2.1	0	15.3	18.3	3.2	0.06	18.5
本地高种	10.8	0.7	0	11.6	13.2	1.2	0	14.8	18.7	2.7	0.02	15.2

2. 抗寒性

海南岛属于热带边缘地带，每年冬天还受寒潮影响，椰子是典型的热带作物，气温高低是影响椰子分布范围、产量高低的限制因子。经过近 10 年的调查分析认为"文椰 5 号"椰子抗寒力低于其他椰子品种，正常年份越冬时会出现少量落裂果现象，但对叶片和植株影响不大，若持续低温时间过长，并伴有阴雨，会对椰子产生很大影响。表 2-12 为 2013 年低温阴雨过后椰子的调查情况。调查结果认为"文椰 5 号"的叶片寒害临界温度为 13.5℃，13.5℃以下达到一定积温，叶片发生枯黄，严重的整株死亡；椰果寒害指标为 16℃，16℃以下达到一定积温，椰果出现落裂果现象。

表 2-12 　 2013 年不同地区椰子寒害情况 　 （%）

品种	文昌清澜			东方通天			万宁兴隆		
	叶害率	植株死亡率	落裂果率	叶害率	死亡率	落裂果率	叶害率	死亡率	落裂果率
文椰 5 号	30.9	10.5	64.3	17.4	1.3	23.2	31.2	10.2	48.2
本地高种	25.3	6.7	21.4	10.1	0.3	6.4	24.7	5.9	9.6

七、品种特异性、一致性和稳定性

（一）品种特异性

"文椰 5 号"椰子除具有一般椰子品种的基本特征外，其特异性主要表现在：①与本地椰子及"文椰 3 号"相比果实小且圆润，一般为 0.55kg 重，果皮薄，椰子水含量比值高，可食率高；②产量高，稳产性好，一株平均 120 个，最高达 300 个，品质中上，很适宜鲜食。

（二）品种一致性

项目组从 2010—2016 年，经连续 6 年对"文椰 5 号"母树，繁育苗试验林植物学特性进行观测，其植株、叶、花及果实等器官未发生变异现象，不仅母树与繁育苗保持一致，而且繁育苗内个体间相关特征均表现一致，繁育苗间变异系数在 5.0% 以内（表 2-13）。

表 2-13　　"文椰 5 号"群体内个体主要性状一致性评价

	性状	母树	繁育苗造林	变异系数	备注
植株	基部膨大	无	无	0	
叶	叶色	棕红色	棕红色	0	
	叶面积（m²）	8.47	8.24	2.72%	
花	花色	棕红色	棕红色	0	
	雌花量（个）	34	33	2.94%	果穗
果实	果色	棕红色	棕红色	0	
	单果重	0.55	0.53	3.63%	
	果实横径（cm）	16.81	16.76	0.30%	
	果实纵径（cm）	17.18	17.11	0.41%	
	果皮厚度（mm）	7.41	7.39	0.27%	

（三）品种稳定性

经过对海南省 3 个不同县（市）"文椰 5 号"测试林观测，不同地点其品种主要性状均保持不变；该繁育苗经过反复繁育后，其主要性状也均保持稳定，未发生明显变异（表 2-14）。

表 2-14　　"文椰 5 号"不同区域试验主要性状稳定性评价

	性状	文昌	万宁	东方	评价结果	备注
植株	高度（cm）	25	26	24	表现稳定	三年干高
叶片	叶色	棕红色	棕红色	棕红色	表现稳定	
	羽化叶片数	8	7	7	表现稳定	
花	花色	棕红色	棕红色	棕红色	表现稳定	
	雌花量（个）	34	36	34	表现稳定	
果实	成熟时间	9月上旬	9月上旬	9月上旬	表现稳定	
	果色	棕红色	棕红色	棕红色	表现稳定	
	果形	圆形	圆形	圆形	表现稳定	

八、结论

经过对 9 个县（市）椰子类型树的优选，经连续 6 年初选、复选和决选，"文椰 5 号"性状突出，具有矮化、果小圆润、高产，稳产、抗逆性强等显著性特点，且该产品具特异性、一致性和稳定性，适合作为良种在海南进行栽培推广。

九、品种审定（认定）和植物新品种保护

（一）省级林木审定

1. 办理流程

根据《主要农作物品种审定办法》第十一条办理条件，申请审定的品种应当具备下列条件：①人工选育或发现并经过改良；②与现有品种（已审定通过或本级品种审定委员会已受理的其他品种）有明显区别；③形态特征和生物学特性一致；④遗传性状稳定；⑤具有符合《农业植物品种命名规定》的名称；⑥已完成同一生态类型区 2 个生产周期以上、多点的品种比较试验或具备省级品种审定试验结果报告；申请省级品种审定的，品种比较试验每年不少于 5 个点。

2. 法律依据

《中华人民共和国种子法》第十五条：国家对主要农作物和主要林木实行品种审定制度。主要农作物品种和主要林木品种在推广前应当通过国家级或者省级审定。由省、自治区、直辖市人民政府林业主管部门确定的主要林木品种实行省级审定。

3. 申报

海南省林业厅

公告

根据《中华人民共和国种子法》第十九条的规定，现将由海南省林木品种审定委员会审（认）定通过的"岛东 1 号"木麻黄等 17 个品种作为林木良种（详见附件）予以公告。自公告发布之日起，这些品种在林业生产中可以作为林木良种使用，并在本公告规定的适宜种植范围内推广。

特此公告。

附件：

2017 林木良种名录

海南省林业厅

2018 年 2 月 5 日

‘文椰 5 号’椰子	
树种：椰子	学名：*Cocos nucifera* ‘Wenye 5’
类别：引种驯化品种	通过类别：认定（5 年）
编号：琼 R-ETS-CN-001-2017	
选育单位：中国热带农业科学院椰子研究所	
品种特性：植株为棕色，花、果皆为棕红色，椰子水多且清澈甘甜。植株第四年开始开花，结果，结果率达 86.3%，单株平均产果 80～90 个/株，每亩产果 1 600～1 800 个；第七年开始进入盛果期。进入盛果期后，每年每亩产鲜果可达 2 800 个以上。	
栽培技术要点：选择土层较深厚（40cm 以上），pH 值 6.5～7.5，平地或坡度平缓向阳坡造林；撩壕整地；施足基肥；秋季和春季栽植均可，一般在 10 月至翌年 4 月上旬进行，每亩种植 18 株（6m×6m），密植 20（5.5m×6m）或宽窄行种植 19 株（5m×7m）。	
适宜种植范围：适宜在海南东部、东北部、西南部地区种植。	

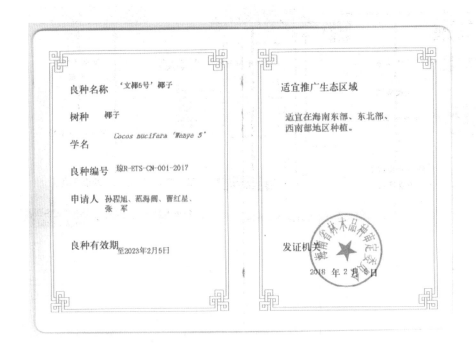

第二章 文椰 5 号新品种培育

（二）植物新品种保护

1. 定义

植物新品种保护（plant variety protection）：也叫"植物育种者权利"，同专利、商标、著作权一样，是知识产权保护的一种形式。完成育种的单位或者个人对其授权品种享有排他的独占权。任何单位或者个人未经品种权所有人许可，不得为商业目的生产或者销售该授权品种的繁殖材料，不得为商业目的将该授权品种的繁殖材料重复使用于生产另一品种的繁殖材料。是为了保护植物新品种权，鼓励品种创新，促进农业、林业的发展而建立的知识产权制度。

2. 规定及标准

根据《中华人民共和国植物新品种保护条例实施细则（农业部分）》的规定及相应测试符合《植物新品种特异性、一致性和稳定性测试指南椰子》（NY/T 2516—2013）标准规定的可以申报植物新品种保护。

3. 申报

（1）植物新品种权审批流程（图2-4）

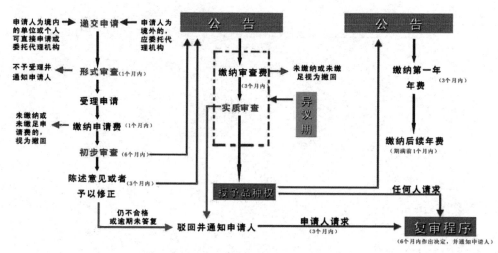

图2-4　植物新品种权审批流程

（2）文椰 5 号新品种权授权公示（图 2-5）

图 2-5　"文椰 5 号"新品种权授权公示

（3）"文椰 5 号"新品种权授权证书（图 2-6）

图 2-6　"文椰 5 号"新品种权授权证书

十、附录

1. "文椰 5 号"的果实（图 2-7）

图 2-7 "文椰 5 号"的果实

2. "文椰 5 号"植株、丰产性、果皮厚度及椰水（图 2-8）

图 2-8　"文椰 5 号"植株、丰产性、果皮厚度及椰水

3. 示范基地及生长情况（图 2-9）

图 2-9　示范基地及生长情况

第四节 文椰 5 号特征、特性

椰子（*Cocos nucifera* L.）是热带地区主要的木本油料作物，也是重要的食品能源作物，是多年生常绿乔木。椰子采用种果繁育，多采用选育培育。"文椰 5 号"是 1983 年从引进的越南矮种类型中，采用混系连续选择与定向筛选连续选育而成的优良品种。果实颜色纯正，糖和蛋白质含量高，可食率高。该品种多年多点生产试验和对比试验表现综合性状优良，2017 年 12 月通过海南省林木品种审定委员会认定。

一、品种特征、特性

文椰 5 号（*Cocos nucifera* 'Wenye5'）是我国从引进品种中选育出来并在生产上应用的优良品种，亲本为香水椰子，经过多年的生产试验和对比试验显示，综合性状优良，植株矮小，树高 12 ～ 15m，茎秆较细，成年树干围径 70 ～ 90cm，基部膨大不明显，无葫芦头。叶片羽状全裂，平均叶长 4.0m，有 84 ～ 94 对小叶，平均小叶长 139cm，宽 5.1cm；叶痕间距平均为 0.40cm，叶柄无刺裂片呈线状披针形，叶片和叶柄均呈棕红色（图 2-12）。穗状肉质花序，佛焰花苞，平均花序长 84cm，平均花枝长 29cm，雌雄同株，花期相同，自花授粉。果实小，圆形，单果质量 800 ～ 1 000g，果形指数 0.92 ～ 1.02。果皮棕红色，果皮和种壳薄，核果质量 425 ～ 550g，核果指数 0.90 ～ 1.00。

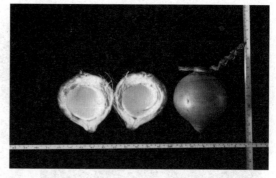

图 2-12 椰子新品种"文椰 5 号"（孙程旭 摄）

椰肉细腻松软，甘香可口，椰肉 150～200g，蛋白质含量 4.4%，脂肪 60.34%，碳水化合物 16.69%，椰干率 29.5%；椰水 300～350mL，7～8 个月的嫩果椰水总糖含量达 7%～8%。种果平均发芽率 86%。投产早，种植后 3～4 年开花结果，6 年后进入高产期，平均产量 36 000～90 000 个 / hm²。抗风性中等，抗寒性比本地高种椰子差，不抗椰心叶甲。

二、栽培技术要点

适宜海南省种植，最适宜在海南东部、东北部、西南部地区种植。雨季前选用苗龄 12～14 个月、株高 90～100cm、茎粗壮、存活叶 5～6 片、无病虫害的健壮椰苗，采用深植浅培土的方法定植，株行距 6m×6m、6.5m×6m 或 5m×7m，270～300 株 / hm²。定植后常规管理。

参考文献

刘祖洞，乔守怡，吴燕华，等，2013. 遗传学（第 3 版）[M]. 北京：高等教育出版社.

潘家驹，1994. 作物育种学总论 [M]. 北京：中国农业出版社.

沈德绪，1986. 果树育种学（第二版）[M]. 上海：上海科学技术出版社.

孙程旭，范海阔，曹红星，等，2019. 椰子新品种'文椰 5 号'[J]. 园艺学报，46（07）：1417-1418.

孙程旭，张芮宁，曹红星，等，2022. 甜水椰子株系选育的初步研究 [J]. 中国南方果树，51（04）：78-83，89.

张天真，2014. 作物育种学总论（第 3 版）[M]. 北京：中国农业出版社.

张小玲，胡伟民，2016. 种子学基础 [M]. 北京：中国农业大学出版社.

SUN C X，ZHANG R N，YUAN Z Y，et al.，2021. Physiology Response and Resistance Evaluation of Twenty Coconut Germplasm Resources under Low Temperature Stress [J]. Horticulturae，7（8）：234.

ZHANG R N，CAO H X，SUN C X，et al.，2021. Characterization of Morphological and Fruit Quality Traits of Coconut（*Cocos nucifera L.*）Germplasm [J]. Hortscience，56（8）：961-969.

第二章 文椰 5 号新品种培育

第三章

椰子良种良法概况

俗话说良种配良法,"文椰 5 号"椰子新品种也有相应的栽培及防控途径。而"文椰 5 号"椰子新品种适配包括耕植模式、肥水管理、花果管控及病虫害等方面。本章主要概述适配、管理及物流等方面。

第一节　椰子立地环境

有利的椰子的生长环境,对椰子的经济产量及生长都很重要,了解椰子的立地环境,适度规划有利于椰子产业化发展。

一、椰子栽培环境概况

椰子原产于亚洲东南部、印度尼西亚至太平洋群岛,主要分布于亚洲、非洲、拉丁美洲,在 20°S ～ 20°N 区域,以赤道滨海地区最多。

椰子为热带喜光作物,在高温、多雨、阳光充足和海风吹拂的条件下生长发育良好。要求年平均温度在 25℃以上,温差小,全年无霜,椰子才能正常开花结果,最适生长温度为 26 ～ 27℃。一年中若有 1 个月的平均温度为 18℃,其产量则明显下降,若平均温度低于 10℃,就会引起落花、落果和叶片变黄。水分条件应为年降水量 1 500 ～ 2 000mm,而且分布均匀,但在地下水源较丰富或能进行灌溉的地区,年降水量为 600 ～ 800mm 也能良好生长;干旱对椰子产量的影响较大,长期积水也会影响椰子的长势和产量。

就土壤肥力来说,要求富含钾肥,土壤 pH 值可为 5.2 ～ 8.3,但以 7.0 最为适宜。椰子具有较强的抗风能力,6 ～ 7 级强风仅对其生长和产量有轻微的影响;8 ～ 9 级台风能吹断少数叶片,并撕破小叶;12 级以上强台风对椰子有严重的危害。

二、园地选择及规划

(一)椰园选择

选择新栽培地需要考虑海拔、水分和透光度。椰子农场应位于适合食品生产和加工的区域,海拔最好不超过 600m,以保证最佳生长条件,椰子的最佳生产条件见表 3-1。

表 3-1　椰子生产的最佳条件

因素	描述	
1. 降水量	总计 1 500 ～ 2 500mm/ 年，几乎均匀分布，每月至少 125mm。不超过 3 个连续干旱月（降水量少于 50mm）	
2. 相对湿度	80% ～ 90% 以内。持续非常高的湿度有利于致命真菌疾病的传播速度，这在海拔非常高的地区很常见	
3. 温度	年平均最适温度为 27℃，月平均温度为 20℃，日变化为 5 ～ 7℃	
4. 土壤		
4.1 水分	田间持水量（温度范围 25 ～ 40℃，有效水分 12% ～ 15%）。持续 1 周以上的水涝条件限制了生长，降低了产量	
4.2 排水	排水良好，始终通风良好。在排水条件较差的情况下，根系呼吸受损，植物生理异常	
4.3 酸度	土壤 pH 值 5.5 ～ 6.5	
4.4 深度	＞ 75cm（顶部加底土）	
4.5 质地	砂质、壤土和黏土品级	
4.6 肥沃性（分析）	有机质	＞ 2%
	全磷含量	1 000 ～ 2 000mg/kg
	阳离子交换量	＞ 15meq/100g 土壤
	交换性钾	＞ 0.5meq
	交换性钙	＞ 15meq
	交换性镁	＞ 7meq
	交换性钠	＞ 0.2meq/100g 土壤
	有效磷含量	＞ 15mg/kg
	有效硫含量	＞ 20mg/kg
	可溶性氯	＞ 20mg/kg
	有效微量营养素	B：＞ 2mg/kg
		Zn：＞ 4mg/kg
		Cu：＞ 4mg/kg
		Fe：＞ 50mg/kg
		Mn：＞ 100mg/kg
5. 日照	全日照 ≥ 2 000 h / 年。全年提供完整稳定的椰子树果串产量	
6. 地形	平坦至轻微倾斜，起伏至中等倾斜（低于 20%）	
7. 风速	无强台风。稳定核果产量的最小台风频率	

注：meq 是离子交换容量的单位，meq/g（干）或 meq/mL（湿）即每克干树脂或每毫升湿树脂所能交换的离子的毫克当量数。引自《菲律宾良好农业操作规程》。

场地活动的管理符合国家环境规定，包括空气、水、噪声、土壤、生物多样性和其他环境问题。

如果是新场地，对于不同用途，应评估场地内外造成环境损害的风险。风险评估应考虑场地的先前使用情况以及相邻场地对新场地的潜在影响。如果生产场地或相邻场地的评估结果得出存在潜在危险的结论，则应通过对已识别污染物的分析和表征来进一步评估这些场地。

如果发现污染物程度不可接受，在采取纠正或控制措施之前，该场地不得用于生产和初级加工。当需要采取补救措施来管理风险时，应监控所采取的措施，以确保消除产品污染或将其控制在可接受的程度。

（二）椰园规划设计

若一个场地有多个生产区，则每个生产区都应用一个名称或代码来标识，并且必须在生产场地的地图中标明。

所有危险区域都应清楚标明。椰子生产的所有设施和结构都应进行适当的设计、建造和维护，以尽量减少采后损失和污染风险，所有场所都应遵守相关政府机构制定的指导方针。

果园规划是果园建立前的总体设计，包括园址选择、栽植设计、防护林设置、灌排系统安排和水土保持规划，以及经营规划、用地计划、建设投资预算和经济效益预测等。一般是"宜林宜农，浅山沟旁，不与其他作物争耕地，宜林间作"等。一般准备一份生产场地图，呈现农场的状况或作出农场发展计划，标明以下区域的地形和位置：①椰子生产区；②初级加工区；③间隙作物种植和牲畜整合（如适用）；④农场使用的水源（井、水库、河流、湖泊、农场池塘等）；⑤化学杀虫剂和肥料储存和混合区；⑥工具和设备的存放区；⑦废水储存、分配网络、排水和排放点；⑧固体废物处理区；⑨堆肥区；⑩厕所设施和洗手区；以及房屋建筑、结构和道路网。

1. 规划原则

椰子生态果园是一个生物多样、物质和能量良性循环的生态经济系统，生态果园的规划布局应遵循以下原则。

（1）因地制宜原则

我国地域辽阔，地形复杂，环境多样，气候千差万别；同时我国各地经济发展不平衡，生产习惯和传统多种多样，农民的素质也千差万别等。这样多样的立地条件和复杂的社会经济现状决定了各地的生态果园及其经营模式要多样化，绝不可能用一个或数个模式规范全国的生态果园。应紧紧围绕当地的自然、社会和经济条件选择种植的作物品种、养殖的动物种类、生态果园的类型，因地制宜原则进行规划设计。

（2）生态高效原则

果园生态系统是多种成分相互联系、相互制约、互为因果的一个统一有机整体，每一成分的表现、行为、功能及大小均或多或少受其他成分的影响。规划生态果园要在优化果园系统的基础上，通过生态系统内部结构的进一步完善和有效调控，建立生态与经济良性循环的人工生态经济系统。建设生态果园要遵循生态工程学的整体、协调、自生及再生循环等理论，按预期目标调整复合生态系统的结构和功能，连接不同成分和生态要素，构建完整的生态链，形成互利共生网络，分层多级利用物质、能量、空间和时间，促进系统良性循环，以达经济、生态和社会的综合效益。

（3）生态工程技术集成应用原则

生态果园是一个综合经济系统，不是依靠单一技术就能建立起来的，需要集成应用多种生态工程技术，这包括为适应自然环境变化，改进耕作方式与种植制度以及选择相应品种的技术；为促进果园生态系统的良性循环，开发与利用资源再生、高效利用及少（无）废弃物生产的接口技术；根据生态位差异原理，设计果园高效间作、多层种植和立体种养的生物群落技术；利用生物共生相克关系，调整生物种群结构及比例，生物防治与减轻环境污染的技术；根据物质与能量多层次转化、多途径利用的要求，重建优化食物链网的技术等。在生态工程技术集成中，汲取我国传统农业技术精华并与现代农业技术有机结合，因地制宜地引进并优化组装。在注重技术先进性的同时，更要重视技术的适用性、技术间的协调性和整体效果的协同性。

（4）资源可持续性利用原则

果园生产是一种自然资源开发利用的过程，在生态果园规划中，要特别重视果园生态系统中的物种多样性、产业的多样性以及用地构成的多样性，要根据资源特点选择适宜的主栽果树品种和生产模式，养地用地相结合，种植养殖相配套，通过物质循环及其能量多级利用，提高生产效率，并实现资源的可持续利用。

（5）产业化经营原则

生态果园需要一定规模，需要多部门、多行业、多环节的配合与协调；同时生态果园的果品和其他农产品除了供应传统的市场外，还有其专门的市场，如何将产品成功地打入这个特有的市场，就需要有产业化经营的思路。如采取"公司＋农

第三章 椰子良种良法概况

户"、土地返租倒包、公司租赁经营、协会或合作社等产业化的经营模式。在生态果园建设中，必须根据一二三产业的协调发展要求，使得种养加、产供销一体化，选择有市场竞争力的果树品种，建设相应的分级、包装、运销基地，开辟生态农业旅游、休闲场地，实现果园产业化经营。

2. 道路系统

（1）干道

在规划中从整体出发，分区处理，方便管理，利于耕作。为此对道路的布局，应以干道为主，沿一条通向全园的等高线作为干道，连接成一个整体。坡度不超过10°，与场外公路连接。

（2）机耕道

以干道为中心，等高环山机耕道和上下机耕道，道宽 4 ～ 5m，坡度 10° 左右。

（3）人行道

与干道和机耕进相连，宽 0.6 ～ 1m，便于管理。

3. 整地和改土

一般采用全垦，种植穴的规格一般为 80cm×80cm×80cm，也可以是60cm×60cm×60cm 或混合规格（图 3-1）。

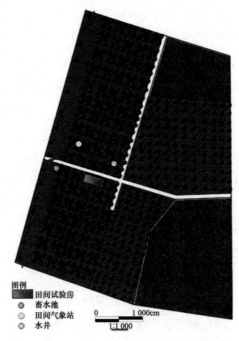

图 3-1　椰子实验基地规划平面（李梦滢　绘制）

二、椰子区划

（一）世界椰子区划

世界椰子主要产区为菲律宾、印度、马来西亚、斯里兰卡等国。中国广东南部诸岛及雷州半岛、海南、台湾及云南南部热带地区均有栽培，温度和湿度都更适宜椰树生长。

地处 18°～20°N 的海南本岛（不含三沙市），临近椰树种植的北缘，纬度高、温度和湿度相对较低、台风多，并不是椰树的最佳种植地区域。值得关注的是，世界椰子出产国的分布图和世界洋流图竟然大致重合，暖湿的洋流都经过这些地方。当成熟的椰果掉落到海滩上或海水里，被暖湿的洋流载到适合的环境，就生根发芽，繁衍成林。千百万年来，椰子依靠这种播种方式，像航海家般随洋流游历热带沿海的岛屿海岸。

椰树在湿度和温度适合的热带地区普遍种植，很多学者认为这跟暖湿的洋流有关。椰子成熟、掉落后，椰子中饱含的椰汁就会逐渐减少，重量变轻的椰子随暖湿的洋流漂到阳光、水分、湿度都适宜的环境，被海浪冲上岸后，椰汁会为椰苗发芽提供最初的营养。所以，世界椰子出产国的分布图和暖湿洋流图是大致重合的。

暖湿洋流为海南岛东部和南部带来充足的水汽，但由于海南岛的地貌总体上中高周低，在中部高山的阻隔下，暖湿气流不容易到达西部和北部，大致形成东部和南部多雨、西部和北部干热的气候特点。

（二）海南椰子区划

海南岛属于热带季风季候，位于 108°37′～111°05′E，18°30′～20°18′N。地处中国的最南端，由一个本岛（海南岛）、众多岛屿群和南海所构成，是全国海洋面积最大的省份。北隔琼州海峡与广东省雷州半岛相望，西临北部湾与越南相对、东面茫茫的南海海域。东南和南部是我国众多岛屿群，与菲律宾、文莱、马来西亚为邻。

1. 地势特征

作为我国陆地面积最小的岛屿省份，只有约 3.5 万 km²。海南拥有 19 个县（市），每个县（市）的气候差异不同，各有其独特的自然风光。

海南岛本岛自然气候的形成主要由所属的地理位置和地形分布等因素决定。海南岛四周为低平原，中间为高丘陵和山地。海拔以鹦歌岭和五指山为核心，向四面外围逐级下降。由山地、丘陵、台地和平原所构成的环形层状地形地貌，阶梯结构明显。

海南岛的山脉海拔高度多数在 520～830m，属于丘陵性低山地形。海拔超过 1 000m 的山峰有 81 座，成为绵延起伏在低丘陵之上的长垣，海拔超过 1 400m 的山峰有五指山、鹦歌岭、霸王岭、猕俄岭、猴猕岭、雅加大岭和吊罗山等。这些大山大体上分三大山脉：五指山山脉位于海南岛中部，主峰海拔 1 867m，是海南岛最高的山峰；鹦歌岭山脉位于五指山西北，主峰海拔 1 811m；霸王岭山脉位于海南岛西部，主峰海拔 1 560m。

2. 气候分布

海南岛属于热带季风气候，全年高温夏季多雨冬季少雨；夏季主要吹东南风，冬季主要吹西北风，整个海南岛主要受热带天气气流控制，冬季还受温带南下冷空气的影响；海南岛整体地形中间高周边低，结合季风运动造成了中部山地和东部沿海地区迎风坡，年降水量比较多，西部沿海形成背风面，年降水量相对较少。按照季风运动规律和地形地貌的影响能客观理解海南岛雨量时空分布地区性差异，也就是所谓的东部湿西部干。按《中国国家地理》的分类，海南岛地理气候分为五大区域。

（1）东部为湿润区，包括文昌、琼海、万宁。东部面向广阔的南海，洋流经常带来雨水，冬季时期经常阴雨，为全岛冬季最潮湿地区，尤其文昌为湿冷之最，琼海次之，万宁较好，不靠海的位置气候会更好一点。

（2）西部为半干旱区，包括昌江、东方，全年少雨，冬季非常干爽。

（3）南部为半干旱半湿润区，包括三亚、陵水、乐东、保亭，气候为全岛最暖和，南部地区常见阳光普照，晴空万里，且相对干燥。

（4）北部为半湿润区，包括海口、定安、儋州、临高、澄迈，冬季期间因为离赤道相对较远，当降水较多的时候，海口的区域表现为小冷天气，临高、儋州要好一些。

（5）中部为山地湿润区，包括五指山、琼中、白沙，冬季较冷、潮湿，但白沙在五指山的背风区，气候较好。

3. 降水量

海南各县（市）年均降水量呈环状分布，大致来说就是东部比西部多，山区比平原多。

4. 日照情况

素来有"天然大温室"美称的海南，虽然整个岛屿都地处热带，但是东西南北地区还是有差异的。海南长夏无冬，年平均气温 22～27℃，≥ 10℃的积温为 8 200℃，最冷的 1 月温度仍达 17～24℃，年日照时数 1 750～2 650h，光照率为 50%～60%，光温充足，光合潜力高。海南岛入春早，升温快，日温差大，全年无霜冻，冬季温暖。

传统上，海南岛东部的沙地特别适合椰树生长，濒临南海，历来是台风频频登陆之地，台风给这里带来丰沛的降水。海南北部和西部容易受到南下冷空气的影响，冬季有时候会出现持续一个月左右的低温阴雨天气，年平均气温明显低于东部，加之有些地方土质粗粝干瘠，除少数地方外，种植条件都不如东部。南部的土壤、气候和降水条件同样适合种植椰树，但因为陵水等南部地区是海南重要的渔业产区，椰农较少，所以大面积的椰林主要集中在海南岛东部。

结合海南岛的纬度、土壤、气温、光照、湿度、降水量等均能符合椰子生长对自然条件的要求，在不同地区椰子生长表现有一定差异。海南椰子栽培生产区划分大体可分为三类。

Ⅰ类栽培区，指年均气温高于 24℃，低于 13℃持续天数不超过 10d 的地区。此区包括文昌市铜鼓岭以南和琼海、万宁、陵水、三亚与乐东佛罗镇以东的低海拔地区及西沙群岛。椰子在该区生长旺盛，无寒害影响，产量高，椰果大，椰肉厚，品质好，椰油含量高。

Ⅱ类栽培区，指年均气温高于 22℃，低于 13℃持续天数不超过 15d 的地区。此区包括定安、屯昌、海口、东方、澄迈、临高、儋州、保亭等市县的低海拔地区。除特大寒潮年份外，椰子在该区都能安全越冬，产量较高，椰子品质较好，含油量较高，但收获有明显季节性。

Ⅲ类栽培区，指年均气温低于 22℃，13℃以下低温连续天数不超过 20d，绝对低温 0℃上下的地区。此区包括白沙、琼中、五指山及高海拔 400m 以上的地区（东方、昌江、儋州、屯昌、保亭等市、县的部分）。椰树在该区可以生长，但结果少，产量低。

海南省椰子种植主要分布在东南沿海一带的文昌、琼海、万宁、陵水、三亚和海口等市县 6 市县椰子种植面积占全省的 85% 以上。临高、白沙仅几十公顷。椰乡文昌种植面积达超过 1.5 万 hm²，占全省面积的 37%。就文昌而论，椰子主要分布在东郊、会文、清澜、重兴沿海乡镇一带。由此，海南省椰子的种植分布具有较强的区域性。

第二节 植物适配技术

一、适配概念及因素

（一）概念

1. 植物适配

植物适配即栽培适配，指植物通过基因和表型适应环境的过程，将两种或多种植物搭配在一起，以实现更好的生长效果。这种搭配是基于植物之间的互补性，通过充分利用生长环境，达到相互促进生长、增加产量和营造更优目的。

2. 椰子适配

椰子适配是指将椰子与特定的环境或条件相匹配，以实现椰子的生长和繁殖，是椰子在特定环境下能够适应并生存的能力。

（二）适配注意因素

选择植物时，需要考虑多种因素，以确保它能够在适配的环境下生长和繁殖。

1. 光照

不同的植物对光照的需求不同。一些植物需要充足的阳光，而另一些则可以适应较阴暗的环境。在选择植物时，需要考虑其光照需求，以确保它能够在适宜的光照条件下生长。

2. 水分

不同的植物对水分的需求也不同。一些植物需要充足的水分，而另一些则可以适应较干燥的环境。在选择植物时，需要考虑其水分需求，以确保它能够在适宜的湿度条件下生长。

3. 温度

不同的植物对温度的要求也不同。在选择植物时，需要考虑其温度要求，以确保它能够在适宜的温度条件下生长。

4. 土壤

不同的植物对土壤的要求也不同。在选择植物时，需要考虑其土壤需求，以确保它能够在适宜的土壤条件下生长。

5. 空间和高度

在选择植物时，需要考虑其生长速度和最终的高度，以确保它能够在适当的空间和高度下生长。

6. 维护和管理难度

一些植物需要更多的维护和管理，例如浇水、修剪、施肥等。在选择植物时，需要考虑自己的时间和能力，以确保能够提供足够的维护和管理。

（三）植物适配意义

1. 提高产量和质量

通过合理的植物搭配和种植方式，可以促进植物的生长和繁殖，从而提高产量和质量。

2. 增加抗灾能力

通过多样化的种植方式，可以增加生态多样性和生物多样性，从而增加果园的稳定性和抗灾能力。

3. 提高土地利用率

通过合理的土地利用和配置，可以充分利用土地资源，提高土地利用率。

4. 改善生态环境

通过合理的植物配置和种植方式，可以改善果园的生态环境，提高果园的质量和美观度。

总之，植物适配在生产上具有重要意义，通过合理的搭配和种植方式，可以实现植物在栽培过程中的优化和协调，提高产量和质量，增加抗灾能力，提高土地利用率和改善生态环境。同时，通过控制和管理植物的生长环境，可以降低病虫害的发生率，减少农药的使用量和环境污染。此外，合理的适配还可以提高土地资源的利用率，实现可持续的农业生产和生态环境的保护。

二、适配途径

适配途径是植物通过遗传和生理调节来适应环境的机制。植物栽培适配指的是植物对特定环境的适应能力。它涉及植物的形态、生理和生态特征，使植物能够在特定环境中生存、生长和繁殖。植物栽培适配途径可以通过以下几种方式实现。

（一）形态适配

植物通过形态结构的调整来适应环境条件。例如，植物的根系可以增加吸收水分和养分的能力，茎和叶片的形状可以调节光合作用以适应不同光照强度，植物的大小和枝条的密度可以调节遮荫效果等。

（二）生理适配

植物通过生理机制的调节来适应环境条件。例如，植物可以通过调节气孔开闭来适应不同的温度和湿度条件，调节生长激素的合成和转运来适应不同的养分条件，调节植物的物质代谢和能量分配来适应不同的逆境等。

（三）生态适配

植物通过与周围环境的互动来适应环境条件。例如，植物可以与其他植物或动物建立共生关系，以获得养分、保护或传播种子。植物还可以调整开花时间和种子产量，以适应不同的生态条件和生态位。

（四）共生适应适配

植物与其他生物的共生关系，如与土壤中的微生物相互作用，可以帮助植物适应环境。这种共生适应可以提供植物所需的营养、抗病能力等。

总之，植物栽培适配是植物为了生存和繁殖在不同环境中的适应能力，通过形态、生理和生态等途径实现。这使得植物能够在各种环境条件下生长和繁衍。

二、适配的发展

植物栽培适配的发展历史可以追溯到农业的起源。人类通过长期的农业实践和经验积累，逐渐掌握了植物栽培适配的技术和方法。在古代，农民们通过选择和保存表现良好的种子来繁殖植物，逐步培育出适应当地环境的品种。随着科学技术的进步，人们开始利用交配、突变诱变、基因编辑等现代遗传育种方法，加快品种改良的速度和效果。

近年来，由于气候变化、土地资源减少和环境污染等问题的逐渐加剧，植物栽培适配的研究和应用更加迫切。现代农业致力于培养更具抗逆能力、耐盐碱、耐旱、抗病虫害的新品种，以应对气候变化和环境压力。同时，利用遗传改良和现代生物技术的手段，可以加快适应性育种的进程，为农业生产提供更好的解决方案。

四、适配耕植系统建设

传统种植是当一个品种种植在一个大面积上时，进一步的工业化导致了单一栽培的使用。由于生物多样性低，营养物质使用均匀，害虫趋于积聚，需要更多地使用农药和化肥。这种栽培模式已经不适应时代需要。农业生产具有自然和社会双重属性，其过程有着较大的不确定性，种植结构作为农业生产行为的外在表现最明显，多维种植模式是随着时代的发展应运而生即种植系统。

种植系统是在传统单一的栽培基础上，融合新的栽培技术或种植模式，实现立体、生态复合，具有多维性、垂直分布等特征，该系统内部具有独特的能量流动及物质循环和较高的生态多效性，充分体现了农业生产的多重价值，促使农业生物多样性与高效经济发展有机地结合，对于推动当前的经济发展具有重要的示范意义。椰子耕植是一个复杂的生态系统。由此，开展椰子种植技术系统推广有利于产业发展，有利于促进椰子种植者提质增效。

第三节　椰园管理

一、椰园非生长期管理

种植当年如果有死苗和缺株，应及时补植，保持椰苗整齐；第二年发现生长明显滞后和残缺苗应及时更换，所有补换的苗应用同样的品种、苗龄且大小一致的后备苗。注意肥水管理，定植后第 1 年的椰子树施肥应少量多次，勤施薄施，施肥量因地区、土壤类型而异；定植后 1～2 年内，特别定植当年，干旱季节及时淋水抗旱，确保椰苗正常生长。幼龄椰园植穴要进行覆盖，防止杂草滋生，植后第 2 年围绕植株半径 1m 范围内进行除草松土，每年 1～2 次，也可进行 2m 宽的带状除草。及时进行病虫害防治。

从小苗定植至椰子进入结果期前是营养生长阶段，称非生产期。这段时期主要管理工作如下。

（一）植穴覆盖

由于海南岛椰子种植区的土壤砂性重，渗漏多，易于干旱，椰苗植后应就地取材及时用椰糠（渣）或杂草、树叶等残落物将穴面覆盖，以免穴面暴晒，确保椰苗成活。

（二）补换苗

定植当年，如有死苗缺株，应及时补植。在第2年如发现有明显的落后苗或遭受损害致残苗都应换植。所有补换植苗应采用与该椰园品种、苗龄、大小相同的后备苗。对补换植苗要特别加强抚管，确保成活，促进林相均衡整齐。

（三）淋水

椰子定植后头两年，特别是当年，因为椰苗根系不甚发达，扎根不深，抗旱能力较差，如遇干旱，势必影响椰苗生长，因此要注意旱情及时进行淋水抗旱，确保椰苗正常生长。

椰子定植后头三年的幼龄椰园，树冠尚小，地下水位较低，轻砂质土壤渗漏大，仍应逐年扩大椰子树头地面覆盖物，减少地面蒸发，抑制杂草滋生，促进椰苗生长。

（四）椰园除草

椰园内以植穴为中心在直径2m范围内应及时铲除杂草，其他空地若长有30cm以上的高草也应及时控制，以免造成椰园荒芜。此外，凡是椰园长有茅草、硬骨草和香附子等恶草以及杂灌木等，均应及时连根清除，原则上是范围小的用人工清除，范围大的可用化学防治。每年除草不少于2～3次，结合进行中耕松土。

（五）椰园培土

在有一定坡度以及未建立覆盖作物的土壤上，植穴易被泥沙冲埋，故要及时开设拦水沟埂和开沟排水。随时清理植穴，把冲进植穴的泥沙挖出，以免妨碍生长。

椰子植后头一年，生长较慢，到第3、第4年树干开始露出地面，因此一般从第3年起就应结合除草施肥开始逐渐进行培土，直至培土与地面平为止（图3-2）。

图3-2　椰子非生长期除草及培土（孙程旭 摄）

（六）幼龄椰园间作

在沿海椰区，土壤砂性重，结构差，许多地方有机质含量低，植被稀疏，淋溶和侵蚀较为严重，行间种植绿肥覆盖作物可以改善土壤理化性状，提高肥力，是椰园管理的重要措施之一（图3-3）。适合种植的绿肥作物有葛藤、山毛豆、矮刀豆等。海南幼龄椰园也常间种短期经济作物，以促进幼树生长和增加经济收益。常种的间作物有玉米、花生、芋头、木薯、姜、蔬菜等。间作物与椰树之间距离视作物种类和椰子树龄而异，开始时保持1.5～2m，以后随树龄逐渐加大。

图3-3　椰子非生长期间作（孙程旭　摄）

二、椰园生产期管理

（一）椰园清理

海南气候高温高湿，椰园如长时间疏于管理，杂草杂木易繁生，消耗大量土壤的氮素，不仅限制了椰树产量的提高，而且容易引起病虫害和鼠害，严重时导致椰园衰败，因此要及时清理。主要步骤与方法如下。

一是砍除杂木，锯去树桩，挖掉树根，清除杂草，茅草根等恶草则可堆积晒干。

二是砍掉无法挽救的病株，收集受病虫害后落裂的果实及花穗，集中晒干烧毁。

三是将绿叶杂草用来压青，灌木则在烧除后埋入土中，这样不仅增加土壤的有机质和含氮量，同时补充了钾肥。

（二）定期中耕培土

定期中耕培土，可以改善土壤结构，保持椰园土壤温度和提高土壤肥力，有利于促进产量增加。一般在雨季末期中耕，如杂草太多可适当在雨季进行。中耕深度15～25cm，通常离树基1.8m范围内不犁，用锄头结合除草，浅耕即可。耕作计划取决于土壤类型、土地坡度、雨量分布等因素。轻质土壤耕作不宜太频繁，更不宜深耕。树干基部长出的气生根要及时培土，以加固树体，增大营养吸收面，对提高产量有一定的作用。

（三）椰园水分管理

椰子树由于在漫长的生物进化过程中，逐渐对环境的适应，形成了喜水的生长习性。其庞大的根系具有强大的吸水能力，因而在较干旱的条件下也能适应；但其生长和产量会受到极大的影响。

不仅如此，椰子树对海水也具有较强的依赖性，世界上大部分椰子树都分布在沿海地区，有关海水的应用问题也正在研究中，普遍认为灌溉30%左右的海水有利于椰树生长和产果。

1. 需水特性

椰园的需水特性椰树的水分管理是获得优质高产的重要环节之一。水分不仅影响椰树植株的生长发育，也影响根的生长及对矿质营养元素的吸收。换句话说，椰树栽培中肥多肥少，仅仅关系到产量的高低；而水分过多或过少，则可能造成椰子失收。故水分的管理应该比施肥管理更重要，这个关键点往往被多数人忽视。

2. 灌溉

灌溉方式有几种：滴灌、喷灌、人力浇水和自流灌溉。其中喷灌比较普遍；滴灌是椰树灌溉与施肥的最好形式，可以较准确地计算灌溉量，可把灌溉和施肥结合起来，但成本较高。在无灌水设备时，幼苗期椰树需水量少时也可以适当用人力担水淋灌；水源充足的地方，也可采取自流灌溉。

对于无法灌溉的椰园，在栽培上要采取相应的措施，以减少干旱的危害程度。比较有效的措施如下。

覆盖。用间作、生草、地膜等覆盖椰园土壤，可减少土壤的水分蒸发。

深植。对于旱地椰园，采用深植，即植穴低于地面20～30cm，这样有利于保持水分，防止水土肥流失，对短期干旱有好处。

密植。利用植株叶片进行遮阴，调节地温，减少水分蒸发。如气候较干燥，雨量少，常利用丛植（3～4株丛植）的方法，合理密植来保持土壤水分（图3-4）。我国海南省和粤西地区，阳光充足，气温高，灌溉困难的旱地椰园，也采用适当增加种植密度、大小行种植等办法来减少干旱危害。

图 3-4　生产期椰子园（孙程旭　摄）

第四节　椰园田间工业化

椰子田间工业化发展，主要体现在椰子的种植、管理、采收等环节的机械化、自动化程度的提高。例如，采用机械化种植，可以提高种植效率；采用无人机进行植保喷洒，可以提高防治效果；采用自动化采收设备，可以减少人力投入。这些技术的应用，极大地提高了椰子的生产效率和经济效益。

一、田间工业化发展阶段

田间工业化是指将现代工业技术应用于农田生产领域，通过机械化、自动化、信息化等手段，实现农田生产的现代化和高效化。

（一）机械化阶段

这个阶段主要是指将现代机械设备应用于农田生产，如拖拉机、收割机等，以提高农田生产的效率和减轻劳动力负担。

（二）自动化阶段

这个阶段主要是指通过自动化技术，如传感器、控制系统等，实现对农田生产的自动化控制和管理，提高农田生产的精度和效率。

（三）信息化阶段

这个阶段主要是指将信息技术应用于农田生产，如物联网、大数据、云计算等，实现对农田生产的智能化管理和监测，提高农田生产的精细化程度和效率。

二、田间工业化发展内容

（一）机械化

农田作业的机械化，如耕地、播种、施肥、灌溉、收割等。

（二）自动化

农田作业的自动化，如自动化播种、自动化施肥、自动化灌溉、自动化收割等。

（三）智能化

农田环境的智能化监测、农田生产决策的智能化、农田生产过程控制的智能化等。

（四）集成化

对农田生产的全面集成和智能化管理，如集成化的农田环境监测、集成化的农田生产决策、集成化的农田生产过程控制等。

三、田间工业化发展的意义

（一）提高生产效率

通过田间工业化的发展，可以大大提高农田生产的效率，提高农产品的产量和质量，满足人们对高品质、高产量的需求。

（二）降低生产成本

通过机械化、自动化、信息化等技术手段，可以降低农田生产的成本，如减少劳动力成本、降低能源消耗等，提高农业生产的效益。

（三）提高农业可持续性

通过田间工业化的发展，可以促进农业的可持续发展，如提高土地利用效率、降低环境污染等，进而保护生态环境和资源。

（四）促进农业现代化

田间工业化的发展是农业现代化的重要组成部分，可以促进农业现代化的发展，提高农业的国际竞争力和现代化水平。

总之，田间工业化的发展对于实现农业现代化具有重要意义。它可以提高农田生产效率、降低生产成本、促进农业可持续发展，同时提高农业现代化水平和国际竞争力。随着科技的不断进步和创新，田间工业化将会在农业生产领域中发挥更加重要的作用。

第五节　椰子物流及物联网

椰子作为一种全球性的农作物，其种植、繁育、物流和销售都直接影响着全球的经济与环境。随着科技的发展，椰子产业也在不断创新与改进，其中现代育种和繁育技术、椰子田间工业化发展、现代耕植生态系统、生物防控系统、现代关键物流及物联网等技术的应用，对于椰子产业的升级和革新起到了关键的推动作用。

现代关键物流及物联网的发展，为椰子市场拓展和销售提供了新的机遇。通过物联网技术，可以实现椰子生产、加工、储存、运输等环节的实时监控和信息共享，提高供应链透明度和效率。同时，利用现代物流技术，可以缩短椰子从生产者到消费者的距离和时间，扩大销售范围和速度。

一、现代物流及物联网

（一）现代物流

现代物流是指利用先进的技术和管理方法将货物从供应链的起点运送到终端消费者的过程。它包括物流规划、仓储管理、运输管理、信息管理和服务管理等环节。

（二）物联网

物联网是指通过互联网连接各种物体和设备，使它们能够相互交互和共享信息的网络。在物流中，物联网技术可以使货物、车辆、设备等实现全面的数据互通，实现信息的实时监控和管理。物联网在现代物流中的应用可以包括以下几个方面。

1. 数据采集和互通

通过传感器和物联网技术，实时采集和传输货物、车辆等的信息，实现全链路的数据流动。

2. 数据挖掘和分析

利用大数据技术，分析物流中的各种数据，挖掘潜在的问题和机遇，优化物流流程和资源配置。

3. 物流网络优化

通过物联网技术，对物流网络进行优化调整，包括路线规划、运输调度和仓储布局等，提升物流效率。

4. 智能仓储和运输系统

利用物联网技术，实现仓储和运输设备的自动化和智能化，提高操作效率和准确度。

物联网在现代物流中的应用可以提升物流效率、降低成本、加强可视化和追踪能力，推动物流行业的创新和发展。

二、关键物流及物联网研究的进展

（一）物联网技术在物流中的应用

物联网技术将被广泛应用于物流领域，实现设备之间的互联互通。通过物联网技术，物流企业将能够实时追踪货物、运输工具和仓库设备的位置和状态，提升物流可视化和追踪能力。

（二）数据挖掘与分析

物流领域拥有大量的数据，包括供应链、运输、库存和订单等方面的数据。通过数据挖掘和分析，物流企业可以发现潜在的优化点，提高运输效率、降低成本，并做出更精确的供应链规划。

（三）物流网络优化

随着物流业务的复杂性增加，物流网络的优化成为了重要的研究方向。通过运用数学优化模型和算法，研究人员可以为物流企业设计最优的供应链网络，使得货物的运输路径更加高效和经济。

（四）智能仓储和运输系统

利用传感器技术和自动化设备，智能仓储和运输系统可以实现货物的自动化存储、取货和分拣，提高仓储和运输效率。此外，研究人员还致力于开发智能驾驶技术，实现自动驾驶卡车和机器人配送，进一步提升运输效率。

另外物流网络优化也是一个重要的研究内容。随着物流网络的不断扩大和复杂化，如何最优地设计和管理物流网络成为一个挑战。通过研究物流网络优化算法和方法，可以提高物流的整体效率和运作能力，降低物流成本。智能仓储和运输系统也是未来物联网研究的一个重要方向。通过引入智能化技术，如机器人、自动化系统等，可以实现仓储和运输过程的智能化管理和操作，提高物流的可视化和追踪能力，进一步提升物流效率和服务质量。

二、现代物流和物联网研究的意义

（一）提高物流效率

通过智能物流、物联网等技术手段，可以实现对物流过程的实时监控和优化，从而提高物流效率，降低物流成本。

（二）提高产品质量

通过物联网技术、区块链技术等手段，可以实现对产品的实时监控和追踪，从而提高产品质量，降低生产成本。

（三）提高客户满意度

通过智能物流、无人机配送等技术手段，可以提高客户满意度，提高企业的竞争力。

（四）推动产业升级

现代物流和物联网技术的广泛应用，可以推动传统产业的升级和转型，促进新兴产业的发展。

（五）促进经济发展

现代物流和物联网技术的广泛应用，可以促进经济发展，提高国家的竞争

第三章　椰子良种良法概况

103

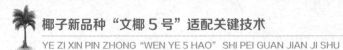

力。提升物流效率和降低成本，提高物流可视化和追踪能力，推动物流行业的创新发展。通过运用先进的物联网技术和数据分析方法，物流企业将能够做出更准确的决策，提高运输效率，减少资源浪费，并满足日益增长的市场需求。此外，推动物流智能化和自动化技术的发展还有助于减少人力成本和人为错误，提高工作安全性。

第四章

苗木繁育技术

椰子经济寿命可达40～60年，每公顷种植160～180株。种植间距不易过密，椰子产量将会越高，故选好种苗就成为生产中极为重要的一环。俗话说"苗壮半收成"。育苗是一项劳动强度大、费时且技术性强的工作。目前，椰子繁育依然是种果繁育途径，无性繁育不成熟。

第一节 椰子繁育要求

一、种果选育

（一）母树选择

优良种树的选择，应以单株产量高、单株年产量100个果以上、丰产稳产的优良单株作为留种树。

文椰3号是矮种椰子，是自花授粉作物，但也存在串粉问题，因此采用套袋隔离自交的方法能提高种果的纯度。

1. 套袋材料选择

隔离袋选用纱布袋，与三色布袋、牛皮纸袋相比，纱布袋套袋处理坐果率高，且制作成本也较低、操作时不容易刮破、重复利用率高。

隔离袋的制作：选取200～250目的纱布，制成规格为长90cm、宽50cm的袋子，袋子下端开口，离袋口上沿20cm处，在隔离袋两面中间剪开一个20cm×20cm的窗口，缝上聚乙烯薄膜，在袋口缝成穿绳洞，穿上一根尼龙绳以利于勒紧袋口。

2. 套袋隔离自交留种

在佛焰花苞开裂前3～4d，纵向切开佛焰苞并切除苞片，用甲基托布津＋硼酸＋水分别配成500～700倍液、800～1 200倍液，喷洒花序，用隔离袋套住整个椰子花序；在花柄处缠上蘸有杀虫剂的棉花，然后绑紧棉花和隔离袋口。套袋10～12d后，通过薄膜窗口观察，待全部雌花柱头变褐色后撤除隔离袋，清除花穗上凋落的雄花，用甲基托布津＋磷酸二氢钾＋水分别配成500～700倍液、600～800倍液，喷洒花序，挂上标签。

（二）种果选择

种果选育一般是选择下半年成熟的果穗，最好是白露前后成熟的果穗。单果选择按密重熟三个标准进行。密就是结果多、密度大、产量高，果实大小中等而均匀；重就是果实比重大，皮薄肉厚；熟就是充分成熟。种用果实一般从雌花受精起需要 12 ～ 13 个月才能充分成熟，其特征是响水（摇动时有清脆响声），果实颜色由青绿色逐渐变为灰褐色，表皮光滑不皱。

1. 高产种群选择

椰子栽培历史悠久，在长期生产实践中，认为从高产单株中选择种果来提高产量幅度不大；由高产群选择的种果，其后代能明显提高产量。国外椰子生产国均选出不少高产种群作为采种园种果。海南文昌烟墩至琼海长坡一带，有不少小圆果（摘带仔）高产种群，没有得到充分利用。

2. 穗选

在海南特定条件下，果穗对种果发芽率和壮苗率有一定影响。因 1 株树上不同时期形成的果穗，其经历季节气候不同。有的果穗在上半年形成，低温和寒潮处于果实成熟的晚期，影响不大，而有的果穗在 9—10 月才授粉，果实形成初期就遇到低温、寒潮，因此果实发育受到较大影响。作为种果用一般应选中部果穗为好。收果期一般 7—9 月。

3. 其他选择

在不具备高产种群选择条件，而在商品性收购站果堆中进行单果选择，也是一种行之有效的方法。具体办法是根据文昌椰农长期生产实践经验提出的密、重、熟三个指标进行选择。"密"的主要标志是果蒂果肩上有 2 ～ 3 个压痕。"重"是果实大而重，椰肉厚，椰干含量多，比重也大。"熟"是果实充分成熟，摇动有响水声，果皮光滑，不发皱。经过选果的椰果发芽率达 73%；不选果的发芽率仅达54%。

（三）种果采收

椰果发芽率、椰苗粗壮度、出园率和种果采收有密切相关。椰子从开花授粉到果实充分成熟要 12 个月，当果色由青绿变黄褐色，果皮饱满不发皱，摇动有清脆响水声，才能作为种果用，育出健壮苗。如果不成熟，育苗时椰果易腐烂、不发芽、出弱苗、死苗。

果实采收后，一般在通风良好地方放置一段时间，让其自然晾干，后熟，不能暴晒。然后进行播种催芽，减少种果腐烂。放置时间，根据椰子品种特性而定。一般高种椰子放置 20～30d，矮种和杂交种椰子放置 1～2 周。

二、出圃标准

不管是袋装苗，还是地面普通育苗，出圃苗龄以 8～12 个月苗最好。因为椰果的椰肉尚未消耗完，定植后可维持生长，故成活率高，不枯叶，生长速度快。18个月苗椰果还未脱落，还有少量椰肉，定植后成活率也不低；二年苗（24 个月）椰果大量脱落，根系不发达（4～5 条不定根），出圃断根，定植后生长新根慢，吸收水分、养分能力差，故大量叶片枯死，重新抽出新叶的恢复能力差，成活率低。一般忌种二年生苗。

（一）种苗纯度检测

生产上应选择来源清楚、种苗纯度大于 90%，无病虫害、生长健壮的种苗进行种植。"文椰 3 号"椰子是自花授粉植物，但周围种有其他品种椰子时也会发生天然杂交，影响种果纯度，因此，需要按种果发芽后实生苗的颜色、生长速度和长势等特征来测定种苗纯度。

（二）出圃规格

育苗 8～12 个月是最适宜的出圃时间，同时，椰苗达到表 4-1 中Ⅲ级以上标准时，才允许出圃。

表 4-1 椰子苗木规格

级别	苗茎粗 /cm	叶片数 / 片	苗高 /cm	病虫害率 /%
Ⅰ	11～13	9～10	90～100	0
Ⅱ	9～11	8～9	80～90	5
Ⅲ	8～9	7～8	70～80	10

注：如各项指标均达到一级指标，则为Ⅰ级苗；如某些指标未达到Ⅰ级苗按Ⅱ级苗评判；以此类推，如某一项指标达不到Ⅲ级苗，则定为不合格苗。

管理良好的苗圃标准苗出圃率约达 80%，另外还要留 10% 苗准备当年和来年补植和换植苗。

二、定植

（一）定植时间

椰子定植季节和苗龄是新种椰苗成活率的关键。根据海南岛的气候特点，定植时应避开低温季节和旱季，最好选在雨季开始，下第一场透雨后种植。此外，在东北部，东部和东南沿海一带有春雨的地方，也可选在早春定植。因为这期间气候温和，蒸发量小，有利于椰苗的成活和生长，一般选择4—10月前定植为宜。

（二）定植苗龄

一般以8～12个月为宜，因为如果苗龄不到8个月，种苗尚小，定植大田后将会增加大田管理用工；12个月以前，椰肉养分尚未耗完，植后可靠此恢复生长，成活率高。如果定植一年半以上的大苗，往往由于种苗在圃时间过长，造成株间拥挤，相互遮蔽而徒长，叶片细弱，植后经受不了风吹雨打，易被烈日灼伤；同时，由于种果椰肉营养也已耗尽，加上根系较长，起苗伤根多，在一段时间内，椰苗可能失水，生长受抑制。通常选用株高90～100cm、茎粗壮、存活叶5～6片、无病虫害的健壮椰苗。

（三）起苗方法

起苗时一般使用锄头或专用起苗镐将苗完好挖起，尽可能减少伤根，不能直接拔苗。搬运、种植过程中不要丢扔种苗，以免震伤固体胚乳，影响苗木恢复生长。

（四）定植方法

我国主产椰区海南岛东南沿海一带经常有台风侵袭；另外，本区土壤砂性大，黏性差，保水力差，浅栽必然影响椰苗的成活和生长。因此，定植椰子最好深植，推荐深植浅培土法。植穴大小为80cm×80cm×80cm，根据立地条件、是否间种、机械化程度等决定种植密度，一般17～20株/亩。平地采用6.5m×6m、6.5m×6.5m、6m×6m等株行距。

为了促进椰苗迅速生长，提早投产，在定植前必须施足基肥。一般施用经过腐熟的厩肥，外加些土杂肥、垃圾肥、海藻肥、甘蔗渣、海塘泥、草皮泥、火烧土等均可，基肥用量一般要求穴施5kg。此外，每株还应配施过磷酸钙0.5kg。施肥时，必须连同表土混匀回穴，填至植穴的1/2，并在其中挖成一个穴形，以待定植（可在穴中适当加入杀虫药以防金龟子、地老虎等害虫对根造成危害）。

放入椰子苗后回表土，覆土以刚好盖过椰果为度，用脚踏实。种植深度以种果顶部低于地面 10 ～ 20cm 为准，淋透定根水。

（五）坡地定植方法

在坡地种植椰子，最好选择坡度较缓、水源充足、保水性较好的地块。事先开垦环山行，种植椰子苗，这样便于管理和保水，行距可根据坡度大小适当调整，以每棵植株成年后能充分接受阳光为准。

第二节　传统育苗技术

种果采收后要及时催芽，椰子一般 30d 开始发芽，80d 达到高峰期。每亩可催芽 8 000 个，芽长 15 ～ 20cm 进行选苗，标准是发芽早、茎粗、生势旺、无病虫害。按每亩 4 000 株移植到苗圃，以后选苗龄 12 ～ 14 个月、苗高 90 ～ 100cm 壮苗出圃定植。

一、种果催芽

采收的种果应放在通气、荫蔽和干燥处，让其自然晾干，才能催芽，以减少播种后烂果。种果催芽是最常用的催芽方法，选择半荫蔽、通风、排水良好的环境建立催芽苗圃（图 4-1）。催芽场地要求清除杂物，锄松土壤，平整土地，并按规格长 10m，宽 1.2m 的要求筑好催芽床，床间留人行道 60cm，每床开四条沟，沟深、宽各 15 ～ 20cm，每床可播果 200 ～ 300 个，每亩播种果 7 500 ～ 8 000 个。播种时，应注意把种果果蒂朝上或同向倾斜 45°，一个接一个摆放于沟中，然后覆土盖至种果的 3/4 即可。催芽苗圃要做好管理工作，做到及时淋水、以防干旱，及时培土、以免种果过度裸露而暴晒失水，勤除杂草，严防鼠、畜和蚜虫等。

图 4-1　椰子种果催芽（孙程旭　摄）

二、育苗

（一）苗圃育苗

苗床上按一定规格要求挖穴移苗，进行育苗。其优点是省工，运输量少，成本低。缺点是起苗时伤根多，植后恢复生长慢，成活率稍低，投产稍晚。

苗圃地全面犁耙一次，清除杂草、平整，种植规格 40cm×40cm 和 50cm×50cm，三角形排列。植穴规格，深宽各 25～30cm，每穴施肥 1～1.5kg，混适量过磷酸钙（1%～2%），栽下种苗后覆土盖过椰果为宜。按苗圃管理要求，苗床宽 1.5m 左右，床间留人行道 40cm，每亩可育苗 2 400 株。

椰苗从催芽床移到苗圃时，苗小而嫩。暴晒、高温和干旱都会抑制椰苗生长，特别是 7 月的伏日，在水肥不足情况下，椰苗容易发生黄化，甚至叶片被灼伤。为了创造一个阴凉的环境，以利椰苗生长，尽快达到出圃标准，苗圃地应架设 2m 高的荫棚，尤其在育苗初期，一般要求荫蔽度 60% 以上，待种苗长至 2～3 个月后，逐步调节荫蔽物，直到出圃前 1 个月，才让其全部暴光，使种苗长得更加健壮（图 4-2）。

图 4-2　苗圃育苗（孙程旭　摄）

椰苗从催芽床移到苗圃后，应立即淋透一次水，以后视天气情况而定，旱季则要加强淋水管理。在有条件的地方，采用滴灌或喷灌效果更好。也可采取一些保水措施，如加盖一层椰糠或杂草和树叶等。

（二）袋装育苗

袋装育苗就是把经催芽的种苗移至营养袋中，填营养土育苗。此法壮苗率高，植后成活率高，生长快，投产早。但袋装育苗用工多，运输量大，成本高。其操作

第四章　苗木繁育技术

111

程序如下。

1. 选育苗容器

育苗用袋最好选用深色（黑色）塑料袋，规格视种果大小而定，一般宽 35cm，长 40cm。装袋前在袋的中下部均匀地打圆孔 12～16 个，孔径 0.5～1.0cm，以便排水。

2. 制备营养土

营养土是指混有有机肥和适量化肥的肥沃土壤。其中化肥用量为每吨土加氯化钾和过磷酸钙各 5kg，要细心拌匀。

3. 起苗装袋

起苗一般用锄头或专制的起苗镐，将种苗挖起，随即装袋。操作方法：先把塑料袋底部两个角内折 2～3cm，随后装进 1/2 的营养土，再放入种苗，再继续在种苗周围填满营养土，恰好盖过种果为宜。填装营养土时，应注意压实。种苗装袋后，按行距 40cm，开好深宽各 25cm 的植沟，随后把袋装苗按株距 50cm 呈三角形放置于沟中，培土至袋 1/2 为宜（图 4-3）。

图 4-3　袋装育苗（孙程旭 摄）

按苗圃管理要求，每4行为一床，每床长10m，床间留行人道60cm，每床育苗80株，每公顷450床，育苗36 000株。

二、苗圃管理

（一）淋水覆盖

种苗装袋或移栽后应立即淋透一次水。以后看气候情况而定淋水次数。特别干旱季节要加强淋水，有条件的地方可采用滴灌和喷灌。可采用保水措施，盖上一层椰糠、杂草等。以减少水分蒸发，促进椰苗正常生长。

（二）架设阴棚

椰子小苗忌暴晒，干旱会抑制椰苗生长，特别是高温季节的6—7月，在水、肥不足的情况下，椰苗容易产生黄化，甚至叶片被灼伤。椰子小苗在遮阴条件下，能促进生长，提早达到出圃标准。阴棚高度约2m，育苗初期遮阴约60%，随着苗木长大，应降低遮阴度，出圃前1个月，取消遮阴物，全日晒炼苗。

（三）追肥

椰子育苗初期一般不施肥，可以正常生长，主要依靠椰肉转化提供养分。但装袋苗3～4个月后，根系开始逐渐发达，生长速度加快，需要从外部吸收养分和水分，加快椰苗生长。不管是袋装苗还是地面育苗，苗龄达7～8个月后，每1～2个月施一次低浓度水肥，促进椰苗正常发育。

第三节　全根育苗技术

针对椰子种苗培育过程中存在的专业化程度不高以及由此造成的种果发芽率低、移栽成活率低、育苗时间长、育苗成本过高、种苗质量参差不齐等问题，主要对海南省椰子主栽品种育苗过程中的椰子种果选择、种果处理技术、播种方式等一系列椰子种果催芽技术开展研究；同时比较研究了不同育苗方式，提出了"矮种快速繁育技术"。

第四章　苗木繁育技术

一、研究背景

鉴于我国椰子种苗培育过程中存在的问题，当务之急是开展椰子育苗过程中所涉及的一系列相关技术研究，建立标准化椰子育苗技术体系，并在此基础上制定相关的种果、种苗标准以及种苗繁育的可操作性规范，并通过对相关技术及标准、规范的大力推广，迅速提高我国椰子种苗培育水平，提高椰苗的产量和质量，大幅度降低椰子育苗成本，为椰子产业在我国的健康发展打下良好的基础。

二、种果催芽

"白露"后采收成熟的健康椰子种果，采用露天地播法进行催芽。采收的种果应放在通气、荫蔽和干燥处，让其自然晾干，才能催芽，以减少播种后烂果。

播种催芽是最常用的催芽方法，选择半荫蔽、通风、排水良好的环境建立催芽苗圃。催芽场地要求清除杂物，锄松土壤，平整土地，并按规格长 10m，宽 1.2m 的要求筑好催芽床，床间留人行道 60cm，每床开四条沟，沟深、宽各 15～20cm，每床可播果 200～300 个，每亩播种果 7 500～8 000 个。

播种时，应注意把种果果蒂朝上或同向倾斜 45°，一个接一个摆放于沟中，然后覆土盖至种果的 3/4 即可。催芽苗圃要做好管理工作，做到及时淋水、以防干旱，及时培土、以免种果过度裸露而暴晒失水，勤除杂草，严防鼠、畜和蚜虫等为害。

三、种苗繁育

采用经硬化处理的育苗池及疏松栽培介质进行种苗繁育，可有效地解决椰子育苗时间长、种苗质量低的问题，有利于大规模优良种苗的生产。

（一）繁育过程

1. 育苗圃的准备

在育苗圃地面挖 0.3～0.4m 深的育苗池，育苗池的池底及四周均进行表面硬化处理，并预留排水孔沟。育苗池进行表面硬化处理可防止种苗根系生长至育苗池外的土壤中，避免大田移栽时种苗根系损伤。

2. 介质的准备

将充分腐熟的椰糠进行杀菌杀虫处理后与河沙按体积比为（5～15）:1配比混匀，填入育苗池内，与地面齐平。其中椰糠的杀菌杀虫处理是用400～600倍多菌灵液进行杀菌，用800～2 000倍辛硫磷液进行杀虫。

3. 移入育苗池繁育

将已发芽的种果分批移入育苗池中进行育苗，苗圃管理采用常规模式，7个月后，将达到定植标准的幼苗经炼苗后移出定植。所述育苗池的表面硬化处理是采用水泥材料进行处理（图4-4）。

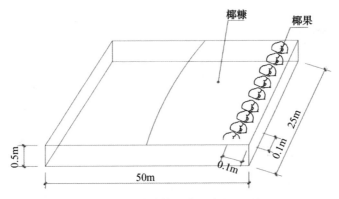

图4-4　育苗池结构示意（张新平　绘）

（二）苗床类型

苗床上按一定规格要求做好，并填充育苗介质，根据介质和铺设不同可以分为以下几种不同类型。

（1）专门铺设水泥苗床池，长、宽、高（50～60cm）根据育苗量而定，之后苗池内填充半腐熟椰糠即可根据行间移栽催苗后的椰子。成本高，苗长势好，不伤根。

（2）专门的区域铺防水膜，四周用砖垒50～60cm高，内部填充椰糠或河沙或海沙等。栽下种苗后覆盖椰果为宜。按苗圃管理要求，苗床宽1.5m左右，床间留人行道40cm，每亩可育苗2 400株。

（3）椰苗从催芽床移到苗圃后，应立即淋透一次水，以后视天气情况而定，旱季则要加强淋水管理。在有条件的地方，采用滴灌或喷灌效果更好。也可采取一些保水措施，如加盖一层椰糠或杂草和树叶等。

第四节　水化育苗技术

目前关于种苗繁育方面研究主要集中于常规育苗或改良育苗途径，而水化椰子育苗途径还尚未报道。通过水化条件下诱导椰果萌发、通过增加营养元素促进椰子苗快速生长，进一步缩短椰子繁育过程，具有操作方便、周期短、移栽成活率高等特点，适于工厂生产的要求。

一、种果催芽

采收的种果应放在通风、荫蔽和干燥处，让其自然晾干，才能催芽，以减少播种后烂果。

播种催芽是最常用的催芽方法，选择半荫蔽、通风、排水良好的环境建立催芽苗圃。催芽场地要求清除杂物，锄松土壤，平整土地，并按长 10m，宽 1.2m 的规格筑好催芽床，床间留人行道 60cm，每床开横沟，沟深、宽各 15 ～ 20cm，每床可播果 200 ～ 300 个，每亩播种果 8 000 ～ 8 500 个。播种时，应注意把果蒂朝上或同向倾斜 45°，催芽过程中要及时遮阴（图 4-5）。

在育苗地修建育苗池后覆盖刚性网，将椰果的果蒂向下呈 15° ～ 55° 放入，并接触水面，遮阴处理后催芽等。

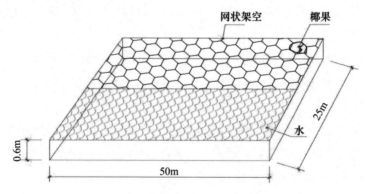

图 4-5　水化育苗结构示意（张新平　绘）

二、水化育苗优点

椰子繁育是以果实繁育为主，在整个繁育过程中时间长是其重要特点，并且都以自然条件繁育为主即传统繁育方法，传统繁育过程中周期长、出苗率低并且后期运输中成本提高，移栽成活率不高等问题。通过椰子生理发育及结构来剖析椰子水化育苗的特点，主要是椰子萌发过程中的胚根、胚芽和侧根量及幼苗的生长发育情况。

（一）打破休眠的"主动"和"被动"

椰子的萌动是先长芽，芽体生长到一定高度后才萌发根。处理方法方面，通过水化育苗发现椰子胚芽萌发速度快于传统繁育方法，第 30 天时传统处理只有 5%，而水化处理为 22%，第 90 天时对照处理椰子萌发率为 64%，水化处理为 98%，两者差异明显。发生这个结果可能是水化处理把水分浸入萌发孔，打破椰果的休眠，促发了其快速萌发，对照处理是在等待水分的浸入，来打破休眠。不同品种的休眠有差异，本地品种和矮种椰子（"文椰 2 号""文椰 3 号""文椰 4 号"等）之间萌发差异明显，而矮种椰子中文椰 4 号的萌发率高于其他 2 个品种。说明水化繁育技术在主动帮助椰果萌发，促进椰果胚的发育。

（二）利于育苗的工厂化发展

芽体萌发到一定程度会促进胚根的萌发和侧根的生长。对照处理的胚根萌发及侧根生长都慢于水化处理，并且差异显著。由于胚芽的萌发早，促进了胚根的快速发展，保证了水化繁育的整齐一致，反之对照处理就显得滞后。育苗规模化容易操作，便于更好地发展。

椰子水化育苗法，是在育苗地修建育苗池后覆盖刚性网，将椰果的果蒂向下并接触水面，遮阴处理后催芽，操作工艺简单，采用遮阳、水化条件下诱导椰果萌发、通过增加营养元素促进椰子苗快速生长，进一步缩短椰子繁育过程，具有操作方便、周期短、移栽成活率高等特点，适于工厂生产的要求。

（三）生产、运输的便利性

苗木的快速生长保证了水化繁育的整齐性，根系的快速发育和水中自然生长保证了根系的完善性，为后期的定苗及转运提供便利。

第四章　苗木繁育技术

参考文献

刘蕊，张军，范海阔，等，2014.矮种椰子育苗方法研究［J］.热带农业科学，（5）：1-4，10.

潘衍庆，等，1998.中国热带作物栽培学［M］.北京：中国农业出版社.

孙程旭，张芮宁，曹红星，等，2022.甜水椰子株系选育的初步研究［J］.中国南方果树，51（04）：78-83，89.

孙程旭，张芮宁，卢丽兰，等，2022.三角种植模式对椰子生长影响的初步研究［J］.中国南方果树，51（02）：97-101.

王文壮，1998.椰子生产技术问答［M］.北京：中国林业出版社.

赵松林，等，2013.椰子关键技术系列丛书［M］.海口：海南出版社.

第五章

耕植模式及技术

农业生产具有自然和社会双重属性，其过程有着较大的不确定性。从原始农业到传统农业，直至现代农业，农业生产效率逐渐提高，但是按照现代农业可持续发展的核心来看，农业生产效率明显还处于低迷期，如何打破这一瓶颈是现代农业必须面临的挑战。中国农业以种植业为主的特点一直持续到现代。传统种植由于生物多样性低，营养物质使用均匀，害虫趋于积聚，需要更多地使用农药和化肥，该模式已经不适应时代需要。

热带农业，尤其椰子生产过于单一且发展滞后，已经影响到产业发展，开展新的种植模式是产业发展的需要，也是科研探讨的焦点。

 第一节 常规耕植模式

椰子树的种植和管理是一个精细的过程，以下是一些椰子树的耕植模式。

一、种植时间

椰子树的种植应在雨季开始时进行。

二、地点选择

应选择一个阳光充足、排水良好、土壤肥沃的地方进行种植。

三、株行距

椰子树的株行距应根据实际情况而定，通常为 6m×6m。

四、种植穴

种植穴的规格应为 100cm×100cm×60cm（图 5-1）。在挖穴时，要求基部生根的部分全部入土。

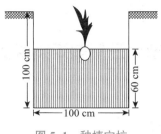

图 5-1　种植穴坑

五、施肥

在穴内施加 20 ～ 40kg 的有机肥，并在穴内燃烧树叶，烧焦穴边亦可。同时填沙防蚂蚁。

六、浇水

在种植后应立即浇水，使树苗与土壤紧密结合。在浇水后，应覆盖一层细土以保持土壤湿润。

七、护苗培土

在初期，应适当遮阴，并浇水保湿。如果发现有缺株，应及时补植。每年耕作 2 次，11—12 月结合施肥耕作 1 次，8—9 月耕作 1 次，树干颈部长出大量气生根后培土，加固树体。

八、除草

每年除草 2 ～ 3 次，减少杂草对养分的竞争。

九、修剪

每年修剪 1 ～ 2 次，去除枯黄和过密的叶子，以保持树冠的通透性。

不同种植模式规格见表 5-1。

表 5-1　种植模式

种植模式	规格
正方形	7.6m×7.6m，8m×8m，9m×9m
单行种植	株间 6.5m，行间 9m
宽窄行	株间 6.5m×6.5m，行间 9m

第五章　耕植模式及技术

121

第二节　三角和沟渠耕植模式

一、三角耕植模式

椰子树形高大，种植株行距通常在6～9m，采用宽行种植可达行距12m左右，50%以上的土地面积未得到有效利用，椰园空间利用率低。椰园林间长期空旷，容易滋生杂草，增加了椰园的生产管理费，不仅影响椰树生长，还存在生产成本高，生产效益低等问题，严重影响椰农的经济收入和投资生产者的积极性，制约着整个椰子产业的发展。

三角（"品"字形）种植模式对植株光照强度和农艺性状指标有影响，在一定程度上促使椰子向外倾斜生长，除茎围外，株高、叶片数、小叶数、叶长与对照差异未达到显著性水平。三角种植模式可在椰子具有趋性生长特性的条件下，提高种植密度，促进单位面积产值提升（图5-2）。

图5-2　三角耕植模式（孙程旭 摄）

适宜海南省种植，最适宜在海南东部、东北部、西南部地区种植。

雨季前选用苗龄 12 ～ 14 个月、株高 90 ～ 100cm、茎粗壮、存活叶 5 ～ 6 片、无病虫害的健壮椰苗，采用深植浅培土的方法定植。一般三角外株行距 7m×10m（三角内株距分别是 2m×2m），种植密度为 25 ～ 30 株 / 亩。定植后按常规种植管理（图 5-3）。

图 5-3　三角耕植绘制模式（李梦滢　绘）

三角种植的植物能对光照等自然环境因素进行自我调节，试验结果中椰子生长的趋性也表现出一定的合理性。考虑到三角种植的内外光差，原则上要求同期生长并成活的植株形成一个三角区才能达到相应效果，如果存在后期补苗，可能会影响区域内外光照强度以及植株的倾斜生长状态。三角种植模式下植株的茎围比对照小，或许与光照强度相关。

试验表明，三角种植模式会影响椰子内外光照强度而形成光差，使得植株呈现普遍向外倾斜生长的趋势，对于椰子的株高、叶长等农艺性状基本无影响，而茎围与对照差异达到显著性水平。

总之，三角种植模式利用椰子生长的趋性特征，提高了种植密度，增加了单位面积产值的潜力。该种植模式对于椰子营养生长后期以及生殖生长等的影响还需进一步研究。目前文椰 5 号采用这一种植模式。

二、沟渠耕植模式

根据立地环境、椰子品种及生长特性设置栽培规格。栽培规格要符合间作、混作模式，开展肥水一体化管控等。根据立地条件，尤其是低洼、盐碱地很适合开沟挖渠，种植椰子，并且对改良土地很好。种植规格可以根据种植目的来设置，比如沟渠宽4m，深1～2m等，渠垄宽度可根据需求种植双行或单行等（图5-4）。

图5-4　沟渠耕植模式

该种植系统有利于开展椰林经济，增加农业收入，提高复种指数，提高椰子产量，有效地促进椰子丰产、稳产。该系统是建立在高效的管理基础上，否则达不到效果。

参考文献

刘蕊，张军，范海阔，等，2014.矮种椰子育苗方法研究［J］.热带农业科学，（5）：1-4，10.

孙程旭，2016.椰子园管理与经营［M］.海口：海南出版社.

孙程旭，张芮宁，曹红星，等，2022.甜水椰子株系选育的初步研究［J］.中国南方果树，51（04）：78-83，89.

孙程旭，张芮宁，卢丽兰，等，2022.三角种植模式对椰子生长影响的初步研究［J］.中国南方果树，51（02）：97-101.

第六章

肥水管控技术

第一节　肥水管控及关键技术

现代耕植生态系统是指通过现代科技手段和精细管理方式，实现耕植业的生态化和可持续化发展。

现代耕植生态系统的建立，有助于椰子的可持续种植和发展。通过建立混农林业、发展复合种植，可以提高土地利用率和农民收入。同时，合理的生态管理，如保护和维护自然植被、加强水土保持等，可以降低椰子种植对环境的影响。

一、肥水管控及关键技术

（一）智能化的肥水管理系统

随着人工智能技术的发展，未来的肥水管理系统将更加智能化。通过使用传感器、数据分析和机器学习等技术，系统可以自动监测植物的生长状况和土壤的湿度、养分等情况，并根据植物的需求和土壤状况来智能地控制肥水和灌溉的量和时间。

（二）精准施肥技术

精准施肥技术是指根据植物的需求和土壤的养分状况，精准地控制施肥的量和时间。通过这种技术，可以减少肥料的浪费和环境的污染，同时提高植物的产量和品质。

（三）节水灌溉技术

未来的肥水管控系统将更加注重节水灌溉技术的研究和应用。将研究更加高效的节水灌溉方式，如微喷、滴灌、膜下滴灌等，以提高灌溉水的利用效率，减少水资源的浪费。

（四）生物技术应用

生物技术在未来肥水管控中将发挥更大的作用。例如，通过基因工程技术改良植物品种，提高植物的耐旱、耐寒、抗病虫害等能力。同时，通过微生物技术的应用，可以促进土壤中有机质的分解和养分的转化，提高土壤的肥力。

（五）智能化监控和预警系统

未来的肥水管控系统将建立智能化的监控和预警系统，通过实时监测植物的生长状况和土壤的水分、养分等变化情况，及时发现并处理问题，实现对植物的高效管理和保护。

二、研究意义

（一）提高产量和品质

通过科学的肥水管控技术，可以提高植物的产量和品质，满足人们对高品质、高产量的需求。

（二）节约资源

通过精准施肥和节水灌溉技术，可以减少肥料的浪费和水的消耗，降低生产成本，同时减少对环境的污染。

（三）提高抗逆性

通过生物技术和智能化监控预警系统的应用，可以提高植物的抗逆性，使植物能够适应更广泛的环境条件，提高农业生产的稳定性和可持续性。

（四）促进生态保护

通过肥水管控及关键技术的应用，可以保护生态环境和资源，促进生态平衡和生态系统的稳定。

总之，未来肥水管控及关键技术研究将更加注重智能化、精准化、环保化和可持续化。这些技术的应用将有助于提高农业生产的效率和品质，保护生态环境和资源，促进农业现代化的发展。

第二节　椰子树肥料需求

一、椰子对养分的需求

椰子在施肥和养分需求方面的研究早在 20 世纪 20 年代就已经开始，至今有

60 余年的历史，世界各椰子生产国几乎都做过这方面研究，提出不少有关报告。根据椰子每公顷（150～170 株）产椰果 7 000 个，估计每公顷椰树每年从土壤中吸取主要养分为氮 92kg、磷 41kg、钾 137kg。椰子对氮、磷、钾的需求决于许多因素，例如采样部位、椰树产量水平、环境条件、估算方法等。

根据法国油脂油料研究所研究结果表明，椰子产量与叶片养分含量有密切关系，特别是钾和氮的含量更是如此，叶片养分含量高的椰园，通常是高产椰园，椰子增产又快又有效的方法是通过施肥提高椰树营养水平，从而达到增产目的。

二、椰子对部分矿物元素的需要

（一）氮

氮在椰子生长发育及代谢方面是不可缺少的重要元素。研究认为，一般热带地区很多类型的土壤缺氮，我国海南岛椰子栽培地区多为砂性重的贫瘠土壤，椰子叶片氮含量均在临界水平以下。施用氮肥能提高椰子叶片含氮量，从而增加椰果产量、椰果的椰干含量和椰干的脂肪含量。

（二）磷

磷主要影响分化组织的活动及细胞分化，是细胞核的组成要素。椰子需要磷，但其需要量在绝对量上远远低于氮和钾。磷肥能促进椰子根系发育，使其加强对土壤养分吸收，提高椰子产量。研究显示，一般施用磷肥能提高椰子叶片含磷量，达到提高产量的效果。

（三）钾

钾对光合作用及蛋白质和氨基酸的形成起重要作用，是生成淀粉、输送糖及生产叶绿素所必需的养分。钾是椰子需要量最大的元素。施用钾肥，对提高椰子产量，椰果重量，椰干品质都起着重要的作用，同时能使花序数、雌花数，坐果率增加，从而明显提高产量。研究认为，随着施用钾肥量的增加，椰子叶片含钾量也增加，单果椰干含量也增加。但是叶片其他元素（钠、钙、镁）含量反而减少，特别是镁的含量明显下降。

研究认为，当钾素是主要限制因子时，施用硫酸铵会降低椰果平均椰干含量，施肥无增产效果；当钾不是限制因子时，如果氮含量相当低，则施用硫酸铵有增产效果。所以当钾是营养和产量主要限制因子时，如果不提高钾的含量，就不能提高产量。当钾、氮含量比例合适时（1：2以临界值计），氮钾肥混合施用比单施一种肥效果好。

（四）钙

钙是细胞中层果胶钙的组分，它一旦进入细胞壁中层即留之参与代谢活动。根尖生长及芽的形成均离不开钙。椰子需钙量远远少于氮、磷、钾，海南酸性土壤含钙低，所以椰农也习惯于施钙肥，提高椰子产量。

（五）镁

镁元素是组成叶绿素唯一的金属元素。据测定，它可能与植物油形成有关，故镁在油料作物的生理学中起着重要作用。研究认为，椰树随着施镁肥量增加，其叶片含镁量也增加，椰果产量也随之增加，但单果椰干含量和椰干品质反而下降。但从单株来看，椰干及脂肪总重量仍比对照增加近20%。

（六）氯

氯是椰子主要养分之一，需量大，氯既可促进幼龄椰树生长，也可增加椰果产量，还能促进椰树对磷、钙、钾、镁的吸收。在过去很长时间里，椰子施用食盐增产，认为主要是钠元素可以部分代替钾元素的作用。在代换性钾丰富的土壤上施用氯化钾，仍有很好的增产效应，经叶片分析表明，叶片钾含量并不相应提高。而氯的含量增加了，从而肯定了氯元素的增产效应。

菲律宾椰子局达沃研究中心的研究表明，对椰子树施用氯化钾的效应是氯而不是钾的作用。对内陆地区的椰子每年施用硫酸铵和氯化钾能使椰果和椰干产量显著增加，且植后4年即开花，该中心认为，每年配合施用2kg的氯化钾1.5～2.0kg的硫酸铵，无论从经济效益还是对氯营养的影响，都较为理想。根据国外有关科研机构的研究表明，叶片氯含量从0.04%增加到0.55%，5年平均单株年产量可增加10.98kg。

（七）硫

硫有助于叶绿素的形成使叶片浓绿，促进根系生长。萨瑟恩证实椰树缺硫使椰肉柔软不正常干燥，从而椰干显得柔软，有弹性、革质、呈褐色，通常叫"橡胶椰干"。缺硫椰子树第14片叶的硫含量为45～130mg/kg，健康树为180mg/kg。椰子水的差异更为显著；在缺乏病症的橡胶状椰干含硫量不到10mg/kg。

第三节 椰子树营养诊断

所谓营养诊断就是在一定季节、一定时间、采集椰树最高产的指标，并根据这个指标确定椰树营养中缺乏什么元素，缺乏到什么程度及施什么肥。

一、诊断单位的划分及叶片样品的采集

（一）采样原则

椰子树进行营养诊断时，必须根据椰树立地土壤、株龄、品种和健康状况，划分成条件尽可能相同的诊断单位。在一个诊断单位内，每个样品至少要包含 15～25 株树，这些树尽可能均匀分布于诊断单位中。幼龄树要在植后 18 个月后才能取样。

（二）采样时间及方法

研究认为，植后 4 年的椰子树应采取第 9 片叶，8 龄以上椰子树一般采第 14 片叶，因为此叶片已达到生理成熟程度，但尚未进入衰老期。该叶片有如下标志可以辨识：①叶片与树干成 45°角，中脉几乎平展，顶端略微下垂；②叶腋的花序上有约拳头大的幼果。

至于一年中采叶样的时间，在我国的情况下，可确定在旱季末期（4—5 月），或冬季来临前（11 月）进行。当有 20mm 雨时，当天不能采样，可在 36h 后进行较好。一天中采样的时间在上午 7:00—12:00 进行。叶片采样时不需整片叶，而只需叶片中段的小叶。小叶取样尽可能只采指定小叶而不伤害其他叶片。可以用长柄勾刀，也可以直接上树割取。每株椰树取整中间两边各 6 片小叶长 20～30cm 作样品，然后把叶中脉切除。这样每段小叶分成二份，写上标签，一份送分析室分析，另一份作为副样，干燥保存，直至叶样分析结果出来为止。遇到正样丢失或损坏，可以用副样补充。

二、临界指标

通过不同土壤类型、不同地区、高产椰园和高产单株的叶片营养水平分析，有关材料综合分析，提出我国海南省椰子叶片营养临界值（表 6-1）。

表 6-1 部分矿质元素临界值

元素	临界值	单位
氮（N）	1.69～1.71	%
磷（P_2O_5）	0.13～0.14	%
钾（K）	0.61～0.68	%
钠（Na）	0.2～0.24	%
钙（Ca）	0.32～0.43	%
镁（Mg）	0.21～0.24	%
铁（Fe）	57.0～70.2	mg/kg
锰（Mn）	38.4～70.2	mg/kg
铜（Cu）	2.1～2.2	mg/kg
锌（Zn）	8.4～9.3	mg/kg

三、叶片营养诊断

椰树的叶片营养诊断其根本目的是通过对植株的叶片养分分析来确定植株缺乏什么肥，缺多少，进而确定施肥的数量和方法。由于椰子的个体及群体的变异都比较大，因此，在指标的确定及应用上都存在着不确定性，尤其是根据实际的叶片的养分含量与临界值之间的差数来确定施肥数量时更是如此，因此椰子的叶片营养诊断目前还只能是估计甚于定量。一般叶片养分含量诊断的规则顺序如下。

1. 养分含量低于正常值指标

叶片某一养分含量低于正常值指标，表明该诊断单元的椰子树亏缺该养分，修正的方法是在原施肥种类和施肥量的基础上，增施含有该养分的肥料。

2. 养分含量处于正常值指标范围内

叶片某一养分含量在正常值指标范围内，表明该诊断单元的椰子树该养分含量正常，继续按原来该养分的施用量进行施肥。

3. 叶片养分间比值高低诊断

（1）如果某一养分与其他养分的比值高于正常值时，可减施或暂时停止施用含该种养分的肥料。

（2）如果某一养分与其他养分的比值低于正常值时，增施含该种养分的肥料。

第六章　肥水管控技术

第四节　椰子施肥

一、苗期施肥

（一）施肥时期

育苗期仅 8—10 月的种苗出圃定植时，通常是不进行施肥的。当幼苗长出 3 片绿叶后，植株所需养分已逐渐由果实内部提供营养，转变为由根系自土壤中吸收营养。如果椰苗长出 6 片叶后，仍不施肥，土壤缺肥就会造成植株生长转慢、叶色转黄、基叶早枯。因此，要根据椰苗生长状况和育苗期长短，适当施肥，前期以施氮肥为主，后期施磷肥、钾肥，出圃前 2 个月停止施肥，才能促进生长平衡，生势健壮，提高出圃率。

当椰苗高 25cm 左右，长出 2～3 片叶时，可用 0.5% 氯化钾或 5% 草木灰、0.2%氯化钠（食盐或鱼盐）；或用 2,4-D 25～50mg/kg、吲哚丁酸 10～25mg/kg 进行叶面喷施或苗基（划松种果椰衣）喷施，每隔 15d 进行 1 次，连续 3～4 次，对促进椰苗生长，特别是茎粗生长有显著效果，与对照相比，高增长 11%～94%，叶数增长 11%～37%，茎围增长 50%～94%。

（二）施基肥

生肥要在定植前一个月施下，熟肥可提前数天施下，这样不仅能保证填穴施基肥质量，有利肥料分解腐熟，还可避免定植时植苗又施肥的混乱现象，保证定植质量。填穴前先将杂草、绿肥等未经腐熟的生肥施入穴底，后用表土填回至穴深的 1/3，然后每穴施腐熟的堆肥、厩肥 25～50kg，草木灰 2.5～5kg，过磷酸钙 1.0～1.5kg 或火烧土 15～25kg，过磷酸钙 1.0～1.5kg，与穴中土壤充分混合，再耙入其余表土和采取四周穴壁取土的办法填土到穴深的 1/2 为适度，以备定植。

实践证明，提前施基肥，深施有机肥，配合施草木灰、石灰和食盐，不仅不会损失养分和招引虫蚁，而且能中和土壤酸性、增加吸湿保水能力，驱除虫蚁，促进生长。一般施基肥越多，质量越好，椰子生长越快。但施肥应注意肥料成分，如施未加石灰的椰糠则增加了土壤酸度，反而影响生长。

二、幼龄椰园施肥

椰子施肥所需的肥料种类、施用量、施肥时间和方法，必须根据椰子生长发育阶段各个器官对营养元素的需求、叶片和土壤的营养诊断以及施肥试验的结果，才能得出比较科学的判断。但是，因各地气候、土壤条件和肥料质量的不同，确定施肥方案必须因势利导、因地制宜、加以实践（图6-1）。

图6-1　椰子幼龄期施肥（孙程旭　摄）

（一）肥料种类和施用量

椰子适宜多种肥料，不论生肥、熟肥、有机肥和无机肥，只要施用得法均无不良影响。据椰农经验，草木灰、海藻、鱼肥和人畜粪尿，是椰子最好的肥料，绿肥、海塘泥、垃圾土、火烧土是次等肥料（表6-2）。酸性土壤不宜常施含硫酸、硝酸态无机肥，施用草木灰、火烧土和适当施石灰有较好的效果。瘦瘠土壤要以施有机肥为主，才能使土壤得到改良。适当施用鱼盐、食盐或浇灌海水，能起到吸湿、保水、防旱、驱虫和置换土壤中不溶性钾的作用，同时氯和钠是椰子需要量比较大的元素，能起促进生长和树干增粗的作用，但长期施用，会使土壤变劣，营养贫缺，生势倒退。

表6-2　主要类型肥料成分及施用方法　　　　　　　　　　　　　（%）

类别	肥料名称	三要素含量			性质	使用方法
		氮（N）	磷（P$_2$O$_5$）	钾（K$_2$O）		
厩肥	猪厩肥	0.45	0.19	0.6	有机肥含量高，迟效，劲长，宜作底肥	
	牛厩肥	0.34	0.16	0.4		
	土肥	0.12～0.58	0.12～0.63	0.26～1.58		

续表

类别	肥料名称	三要素含量			性质	使用方法
		氮（N）	磷（P_2O_5）	钾（K_2O）		
土杂肥	垃圾堆肥	0.33～0.56	0.11～0.39	0.17～0.32	①堆肥有机质含量较高，肥效较好②淤泥养分全，迟效③炉渣中性，持水力强	①堆肥宜作底肥②淤泥宜作砂土地改良土壤③炕土要防雨淋，以免失去肥效④炉灰渣、垃圾宜用于黏土、洼地改良土壤
	草皮沤肥	0.10～0.32	—			
	绿肥沤肥	0.21～0.40	0.14～0.16	—		
	塘泥	0.2	0.16	1		
	河泥	0.29	0.36	1.82		
	炕土	0.08～0.18	0.13	0.4		
	炉灰渣	—	0.2～0.6	0.2～0.7		
	垃圾	0.2	0.23	0.48		
灰肥	草木灰		3.5	7.5	碱性，含钾多，还含有硼、钼、锰等微量元素，速效	①宜用于酸性土、黏质土②宜与农家肥混用，不宜与人粪尿混存
	草灰		2.11～2.36	8.09～10.2		
	稻草灰		0.59	8.09		
	麦秆灰		6.4	6.4		
绿肥	黄花苜蓿	0.48	0.1	0.37	含氮丰富。一年生草本易分解。肥效短促；多年生草本和木本分解较慢，肥效长	①割断压入土中沤烂作基肥②切碎后加入粪肥或马尿作堆肥
	苕子	0.56	0.13	0.43		
	蚕豆	0.55	0.12	0.45		
	豌豆	0.51	0.15	0.52		
	田菁	0.52	0.07	0.15		
	紫穗槐	1.32	0.36	0.79		
	绿豆	0.52	0.12	0.93		
	野草	0.54	0.15	0.46		

据分析，椰子的叶片含氮最多，钾次之，磷最少。因此，长叶阶段的 1～2 龄幼树，应施氮肥为主，配合施磷钾肥，是以利植株抽叶发根和增强抗逆性；3～4 龄树，叶片生长已定型，花芽开始形成，露茎后，花苞即将抽出，这时应增施磷钾肥，以利花苞发育，减少败育和公苞出现。

在瘦瘠土壤上只增加施肥量是不能满足椰子生长的需要，如果配合有机肥，再增加施肥量，才能更好地发挥生长优势（图 6-2）。据文昌东郊椰子场用 3 龄幼树进行施肥量试验的结果，处理1由于施肥量少，3年生长都有较慢，处理2从第二年起生长转慢，处理3则第三年生长转慢，不仅说明施肥量不能适应生长的需要，而且远远没有发挥椰子速生的潜力。

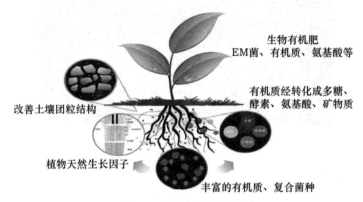

图 6-2　生物有机肥特点

（二）施肥次数和规律

1. 施肥次数

施肥次数应依土壤肥力、物理性和幼树生势而定，以能保持椰子树生势旺盛和叶色常绿为原则。通常比较肥沃、保水保肥力强的土壤，每年只需施肥 2 ～ 3 次，而保水保肥力差的瘦瘠土壤，则需施肥 3 ～ 4 次。

施肥时间必须根据幼树生长发育物候期和气候条件为依据。水是有利根部分解养分、促进新根萌发、增加吸收功能的动力。在干旱情况下，根系呈枯萎状态，吸收力很强，所施肥料不易分解，也难以被根系吸收利用和促进幼树生长。在多雨季节，冒雨施肥或施肥遭遇暴雨，极易造成养分淋溶损失，以致施肥效果不显著。在排水不良的椰园，根系已呈腐败状态，吸收力很弱，施肥是没有效果的。在海南选在椰子生长发育较快的3—9月，旱前、雨后、土壤湿润以及根系吸收力强的时候，是最适施肥期。

2. 施肥规律

椰子需肥规律一般是幼龄时期（2 年及以内）要求氮磷肥比例高于钾肥，成龄椰子园要求氮磷肥比例低于钾肥，并适当增施微量元素（图 6-3）。

第六章　肥水管控技术

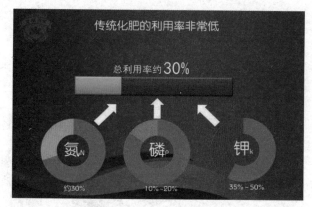

图 6-3 传统化肥利用率低

（三）施肥方法

1. 施肥方法选择

撒施、放射沟施、侧沟施和环状沟施等方法均有其缺点（图 6-4）。为了适应椰子栽培区的气候特点，避免肥分损失和旱热影响，同时便于操作和提高施肥效率通常都采用侧沟或环沟施肥法。

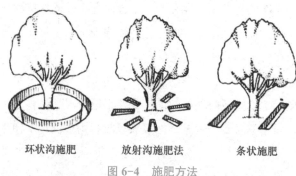

环状沟施肥   放射沟施肥法   条状施肥

图 6-4 施肥方法

当施肥量较少时，为了集中利用肥料和减少工时，可采用东、西或南、北两侧轮换开条状施肥沟，沟长相当于冠幅沟宽 20 ～ 25cm；施肥量多时，为了让更多的根系吸收到养分，提高肥料利用率和施肥效果，则采用于植株周围开条状沟施肥法。应做到边开沟、边施肥、边回土填满和压实施肥沟，同时注意将有机肥施于沟底，施绿肥配合施以石灰或草木灰，才能避免引起不良后果。

2. 距离和深度

根据幼龄椰树根系的剖析，其主要根的分布，常超过树冠，深达 1m 以上，但以树冠内和 60cm 深土层最多。

从施肥效果来看，以施于树冠1/3处和深度20cm的效果较好，抽叶数增长3.8%～11.5%，叶长增长4.5%～12.1%；施于树冠1/3处和深度10cm的为次，抽叶数增长1.1%～9.9%，叶长增长3.1%～13.5%；在树冠下和深度30cm的施肥效果较差。

肥料质量、施肥距离和深度不同，效果也不一样。因此，施用速效的无机肥或水肥，应在树冠1/3～1/2，深度10～15cm为宜。腐熟的有机肥与化肥配合施用时，以施在树冠1/2～2/3和深度20cm的位置，效果比较好。施用绿肥、海藻等未经腐熟的有机肥，则应在树冠下深施，深度约30cm，以诱导根系向深处生长，有利于植株增强抗旱、抗风能力。

三、成龄椰园施肥

对成龄椰园施肥，是在中耕松土的基础上进行的，是使椰树复壮和提高产量的重要措施。实践证明，不结果的椰子树施肥6个月后，生势逐渐恢复。第12个月开始抽苞开花，24个月后就可产果。随着施肥数量、质量的提高和管理期限的延长，结果的椰子树会不断增多，产量不断提高，经济效益也会不断增加。

（1）长期不结果的椰子树，通过施肥管理，一年后开始生势复壮；第二年开始开花结果；第三年开始收获椰果。

（2）非常瘦瘠的土壤，最初表现出施氮的效果较好，磷次之，钾又次之，而氮磷钾区则因施肥量太少，效果不大，但长期单一施一种元素的后效不良，例如单一施氮肥、磷肥或钾肥的椰子树产量都逐年下降。

（3）各种元素对椰子树的生长发育有不同反应。例如，施足氮肥能促进多抽叶片，保持叶色浓绿，增加每树着叶数，有利于花苞和果实生长发育；施足磷肥，能促进花苞发育充实和花性转化，降低花苞败育率和公苞率，增加雌花数，有利于提高产量；施足钾肥，能增加叶片和果实光泽度，增强对寒、旱、风和病虫害的抵抗力，有利于提高成果率和果实质量（果实、椰肉增重10%左右）。

营养元素既有各自的作用，又是互相影响、互相制约的。偏施哪一种元素，都难以取得显著效果。施用过磷酸钙，可以增加土壤钙含量；施用氯化钾，能满足椰子树对氯元素的要求。只有各种元素都能满足椰子树生长发育的需要时，结果株数、产量和经济效益才能显著增加。

（4）要做到合理施肥，最好能通过叶片营养诊断来指导施肥，做到缺什么元素，补施什么元素，就能减少盲目施肥造成的浪费，既能改良土壤，又能减少投资、降低成本，更能提高经济效益。

椰子成龄树的施肥时间，也是以 3—9 月的生长旺季和土壤湿润时较为适宜。施肥次数，要根据土壤结构、肥力和椰子树的长势而定。结构良好、保水保肥力强，比较肥沃的壤土，每年只需施肥 1～2 次；结构不良、保水保肥力差，非常瘦瘠的砂土，每年要施肥 3～4 次。

长期失管的椰子树，应在离树干 1～1.5m 的范围内施肥；经常耕作（或间作）和施肥的椰子树，则离树干 1.5～2.0m 范围内，开环状施肥沟，沟深 20cm，宽 25cm 左右，要做到边开沟边施肥、边回土填沟，以避免土壤干燥、肥分挥发不良等影响。

第五节　椰子营养缺乏症状

椰子营养缺乏症状国内外都比较常见，但营养过剩症状却非常少见。只是在极个别情况下，某些椰农在刚定植不久的幼龄椰园中施用过量的氮肥，导致椰树萎蔫以致叶片干枯等现象（图 6-5）。这种情况可以通过大量淋水，并配合施用一定的磷、钾肥进行矫正。

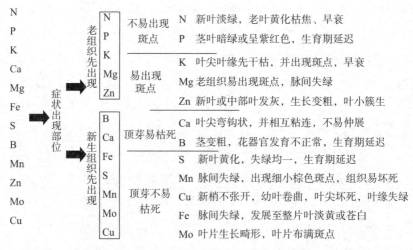

图 6-5　作物营养元素缺乏症检索简表（南京土壤研究所，1982 年）

一、缺氮

研究认为，叶片含氮量低于 1.8% ～ 2.0% 临界值，幼苗顶部和根部生长受到显著抑制，叶片数显著减少，叶片变小，株高和茎围生长缓慢，植株矮小，下部老叶黄化，上部嫩叶绿色或黄绿色，叶柄呈黄色或鲜黄色，老叶提早干枯或脱落，树上雌花少，产量低。

二、缺磷

缺磷时根系生长差，叶片较小，植株生长与缺氮一样受到抑制，严重时小叶发黄硬化。缺磷的另一特征是叶绿素浓度较高，叶片颜色由深绿变成暗灰绿色，叶缘伴有烧伤症状。但椰子缺磷症状不像其他养分缺乏症那样明显退绿，一般叶片呈暗紫色，小叶保持深绿色，当叶片含磷低于 0.12% 时，其根的生长发育受到影响，干枯时才转为黄色，缺磷植株易受长蠕孢属真菌侵染（图 6-6）。

大田试验表明，苗株生长早期，需磷量最大，施用磷钾混合肥能在一定程度上控制椰子灰斑病蔓延。

图 6-6　缺磷症状表现

三、缺钾

椰子缺钾是热带地区椰子生产国最普遍的现象,特征是椰子树干细而矮小,叶片和小叶都比正常少而小,因此树冠稀疏,外观表现不健康,呈黄色,黄化状况不一致,最嫩的仍呈绿色,但有些僵直,中部的叶片变黄,衰老快,死叶严重,小叶叶尖比叶基黄化严重,有许多褐色斑点,易感染灰斑病(图 6-7)。

图 6-7 缺钾症状表现

椰树需钾量大,缺乏时可能会严重减产,合理施钾肥会增产 2 ~ 3 倍,其效果突出表现在坐果率高和椰干产量高,还能增强椰树的抗病能力。缺钾初期在叶中脉两侧出现两条纵向的锈色斑点,叶片轻微发黄,小叶尖端明显变黄,变黄的叶面很快坏死。早期新叶变黄,后期较老的叶片也变黄干枯,轻中度缺钾的椰树对施钾肥反应迅速,长期严重缺钾需 2 ~ 3 年才显肥效。早期保证植株有足够的钾尤为重要。产量低且受氮或微量养分等缺乏所限制,钾的效应可能很小。

四、缺钙

椰子缺钙,生长受到显著抑制,幼苗的地上部分,逐渐黄化,幼苗纤细,叶片稀疏,有叶片畸形,叶尖钩曲,更典型的是根部发育显著减缓,是其他营养缺乏症所没有的。

五、缺镁

椰子缺镁时,幼苗生长受到显著的抑制,表现为生长极不规则,叶片趋于碎裂,有些幼叶抽出困难,在完全伸出前,维管束间显著黄化,呈黄褐色,初期以老叶开始,继而有规则地向幼叶蔓延,严重时老叶出现类似黄化病的斑驳和褐斑,有时呈古铜色，随后脱落。

椰树缺镁的主要症状是黄化，从成熟叶片下部小叶的叶尖开始，逐步向小叶和叶片两侧的上部扩展；小叶中脉和小叶柄保持其原色。早期，中脉两边的小叶有少部分边缘仍绿；小叶从叶尖和边际开始往往过早枯萎。有时，黄化夹有针头大褐斑；严重缺镁时，小叶变黄加剧，尖端坏死，叶面上产生许多褐色斑渍，致成熟叶片过早凋萎。果实产量大为减少。缺镁时施硫酸镁效果较佳，在较酸性的土壤上可施碳酸镁。

土壤施用镁肥，植株恢复较慢，从显现症状到恢复需 2 ～ 3 年时间；采取叶面每 2 周喷施 1 次，幼龄椰树（约 8 龄期）3 个月，成龄树 5 个月即可完全恢复。

六、缺氯

缺氯影响椰果的大小及椰干产量，叶片缺氯时会变黄，较老叶片出现斑纹，叶外缘和小叶尖干枯，类似缺钾状，果形也较小。

七、缺硫

热带赤褐色土壤常发生缺硫，排水不良的土壤上也易缺硫。缺硫时，幼龄树叶片变黄，嫩叶叶尖坏死；成龄树则在老叶完全枯死前，嫩叶逐步变成黄色，叶轴呈弓形并变弱，最后全树叶片枯死，产量低，椰干质量差，产生类似橡胶状的干椰肉，椰油含量也低。

防治缺硫症最有效的办法是施用硫酸铵、硫酸钾或硫酸镁等，效力可维持 18 个月之久，也可喷施工业硫黄防治，成龄椰树株施 900g，幼树相应减少，每 2 年施 1 次。

八、缺微量元素

除上述情况外，椰子营养还发现有铁、锰、锌、硼、铜等缺乏症。

铁和锰的缺乏通常是紧密联系的，缺铁和锰时，较幼龄的椰子叶片褪绿（图6-8）。锌最重要的功能是与吲哚乙酸形成有关。植株生长点的吲哚乙酸浓度降低会造成畸形，形成所谓"莲座状叶丛"。

缺硼可能引起椰子芽腐病，多发生于 3 ～ 6 龄椰树或幼苗，症状为叶片较短，小叶变形卷曲、退化、叶尖严重坏死，初期心叶的两端小叶伸展受到抑制，皱褶，厚而易碎，严重时叶片坏死，只剩枯黑叶柄，无小叶萌发，椰树逐渐死亡，可施用硼砂 100 ～ 250g/ 株。

图 6-8　缺锰症状表现

　　一般来说，泥炭土中存留有大量的铜，重施铜会降低 pH 值，从而增加椰子果的数量，叶片铜的临界水平为 2mg/kg，株施 500g 的硫酸铜较为理想，在印度尼西亚的苏门答腊，植于泥炭土上的幼龄椰子在早期即出现缺铜症。

第六节　水肥一体化

　　椰子作物水肥一体化建设是指通过将水和肥料有效地结合在一起，直接将水分和养分输送到椰子根系，实现水肥的同步管理和利用。这种技术可以有效地加快椰子的生长和提高椰子的产量，同时优化资源利用，减少环境影响。椰子作物水肥一体化建设需要准备必要的设备和材料，如灌溉系统、施肥设备等，并需要根据椰子生长的需求进行水肥的配制和管理（图 6-9）。在实施过程中，需要持续监测椰子的生长情况和水肥的使用情况，并根据需要进行调整，确保水肥的供应与椰子的需求相匹配（图 6-10）。

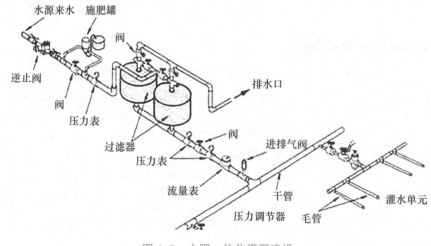

图 6-9　水肥一体化灌溉建设

图 6-10 一般水肥灌溉（孙程旭 摄）

一、建设意义

（一）提高生长速度和产量

通过水肥一体化管理，可以及时为椰子提供所需的水分和养分，促进其生长和发育，提高产量。

（二）节约水资源和肥料

椰子作物水肥一体化建设可以减少灌溉用水和肥料的使用量，降低浪费和损失，提高资源利用效率。

（三）减少环境影响

通过减少灌溉用水和肥料的使用量，可以降低碳排放和氮污染等环境影响，提高椰子种植的可持续性。

（四）提高经济效益

通过提高产量和优化资源利用，可以降低生产成本，提高椰子种植的经济效益。

二、建设目标

通过实施作物水肥一体化建设，希望达到以下目标：①加快椰子生长速度，提高椰子产量；②优化水资源和肥料资源的利用效率；③减少环境影响，提高椰子种植的可持续性。

第六章　肥水管控技术

143

二、实施步骤

（一）土壤分析

首先，对椰子种植区域的土壤进行详细分析，了解土壤的肥力状况、水分保持能力和酸碱度等关键指标。

（二）水源选择

根据土壤分析和椰子生长的需求，选择合适的水源，确保水的质量和使用量都符合椰子生长要求。这一步骤需要考虑椰子种植区的地理环境和水资源状况，选择可靠的水源。

（三）肥料选择

根据土壤分析和椰子生长的需求，选择合适的肥料，确保肥料的营养成分和用量都符合椰子生长要求。

（四）设备准备

准备必要的水肥一体化设备，如灌溉系统、施肥设备等，确保能够有效地将水肥输送到椰子根部。这一步骤需要选择合适的灌溉和施肥设备，并按照操作说明进行准备。

（五）实施灌溉和施肥

根据椰子生长的不同阶段和需求，通过水肥一体化设备进行定时、定量的灌溉和施肥。这一步骤需要按照设定的时间和量进行灌溉和施肥，确保水肥的供应与椰子的需求相匹配。

（六）监测和调整

在实施过程中，持续监测椰子的生长情况，测量椰子的生长数据，以及水肥的使用情况，根据需要进行调整，确保水肥的供应与椰子的需求相匹配。

（七）记录和分析

对实施过程中，记录实施过程中的数据，包括椰子的生长数据、水肥的使用量等，并进行统计分析，评估水肥一体化管理的效果，不断优化管理方案。

四、预期结果

通过实施椰子作物水肥一体化建设，预期能够达到以下效果：①加快椰子的生长速度，提高产量，均可能提高 20% 以上；②优化水资源和肥料资源的利用效率，减少浪费和损失；③减少环境影响，降低椰子种植对环境的负担；④提高椰子种植的收益，增加农民的收入。

参考文献

陈卫军，赵松林，等，2013. 椰子产业发展关键技术 [M]. 北京：中国农业出版社.

冯美利，刘立云，曾鹏，等，2009. 不同成熟度椰子叶片 N、P、K 含量及其变化规律 [J]. 江西农业学报，21（12）：64-65，69.

李艳，王萍，陈思婷，等，2012.4 个品种椰子嫩果椰肉主要矿质元素含量分析 [J]. 热带作物学报，33（1）：46-49.

孙程旭，等，2016. 椰子园管理与经营 [M]. 海口：海南出版社.

第六章　肥水管控技术

第七章

花果管控技术

海南是我国椰子种植的最适宜区域，也是椰子主产区。一方面长期以来由于缺乏科学的管理及技术指导，椰子单产普遍较低，甚至出现部分椰树花多不丰产等问题；另一方面椰子本身授粉比较复杂，存在异花授粉，也存在着自花结实现象，坐果率较低等现象，致使每年坐果情况差别很大。

坐果率是产量构成的重要因子，提高坐果率，尤其是在花量少的年份提高坐果率，使有限的花得到充分的利用，在保证椰子丰产稳产上具有极其重要的意义。

第一节 花果管控及关键技术

花果管控，是指直接对花和果实进行管理的技术措施，其内容包括生长期中的花、果管理技术和果实采收及采后处理技术。花果管控是果树现代化栽培中的重要的技术措施。采用适宜的花果管控措施，是果树连年丰产、稳产，果品优质的保证。

一、花果管控及关键技术

（一）精准化的花果管理

通过使用传感器、数据分析和机器学习等技术，实现植物生长状态、开花结果的精准监控和管理，为植物提供最佳的生长环境，提高产量和品质。

（二）智能化的花果控制

通过智能化的花果控制技术，实现植物开花、结果的智能化调节，如根据市场需求和植物生长规律，精准控制植物的花期和果期，提高农业生产的效益。

（三）新型的植物生长调节剂

更多新型的植物生长调节剂将被研发出来，如微量的激素、植物生长调节剂等，以满足不同植物的生长需求，提高产量和品质。

（四）精细化的果实品质控制

精细化的果实品质控制技术将得到更多的研究和应用，如通过控制环境条件、采用先进的采收和储存技术等，提高果实的品质和商品价值。

（五）结合市场需求的果实品质控制

果实品质控制将更加注重市场需求。通过了解消费者的需求和市场的变化趋势，采取相应的果实品质控制措施，以满足市场需求，提高农业生产的效益。

二、花果管控及关键技术实施的意义

（一）提高农业生产效率

通过精准化和智能化的花果管控技术，可以提高农业生产效率，降低生产成本。

（二）提高农产品品质

通过精细化和结合市场需求的果实品质控制措施，可以提高农产品的品质和商品价值，满足人们对高品质农产品的需求。

（三）满足市场需求

通过智能化的花果控制技术和结合市场需求的果实品质控制措施，可以满足市场需求，降低供需矛盾，提高农业生产的效益。

（四）推动农业现代化

通过采用先进的植物生长调节剂和花果管控技术，可以推动农业现代化的发展，提高农业生产的科技含量和竞争力。

总之，未来花果管控及关键技术研究将注重精准化、智能化、精细化和结合市场需求等方面的发展，旨在提高农业生产效率、提高农产品品质、满足市场需求并推动农业现代化的发展。

第二节　椰子开花习性

一、开花习性

据多年观察，香水椰子每个月都有花苞抽出与开放（图7-1），一年抽花苞数有 10 ～ 15 个，为佛焰花苞，佛焰苞在抽出后 2 个月左右才开放。由图 7-1 可见，其抽苞主要集中在 4—10 月，在 11 月至翌年 3 月抽苞较少，其中以 6 月抽苞率最高，为 14.1%；2 月抽苞率最低，只有 2.0%；而花苞开放主要集中在 6—10 月，8月为开花的最高峰，其开花率为 17.0%。但在当年 11 月至翌年 2 月受低温影响，抽出或开放的花苞通常会干枯（裂）或不能正常授粉。佛焰苞开放是从顶部纵裂，露出花穗，每个花穗有 20 ～ 33 枝小穗，基部着生雌花 3 ～ 38 朵。花苞开放第二天开始雄花陆续开裂并散发花粉，整个花穗的雄花期为 14 ～ 25d，雌花在佛焰花苞开放约 8d 后才开始开放，整个花穗的雌花期为 7 ～ 14d（图 7-2）。自然条件下，香水椰子的生殖方式以自花授粉为主。

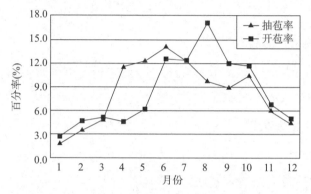

图 7-1　香水椰子开花习性统计（冯美利 提供）

图 7-2　椰子花序（雌花和雄花）（孙程旭 摄）

二、椰子花粉采集与授粉

椰子的花粉量很大，而雌花花期要晚于雄花花期 1 ～ 2d，不利于椰子授粉和形成椰果，对椰子整体产量易产生很大影响。为了保证椰子产量，稳产、丰产，有必要开展椰子人工辅助授粉。通过试验来确定人工辅助授粉的量、途径和方法。

（一）花粉采集与处理

1. 花粉采集

采集花粉应在初花期的晴天上午，穗状花序的佛焰苞开放 2～3d 后，在雌花上部 4～5cm 处用枝剪剪下雄花穗（小穗）（图 7-3）。

采集花粉　　　　　　　　　　　　　　　椰子花序

图 7-3　花粉采集及椰子花序（孙程旭　摄）

2. 花粉处理

雄花穗带回实验室后，进行人工剥取花药，然后用机械压破（不要压碎）花药，筛去杂质；将剥取的花药铺在烘盘上并置于干燥箱中，在温度 35～38℃ 和相对湿度 50%～60% 的条件下，烘干 24h 后过筛取得花粉（图 7-4）。花粉制好后用玻璃管装好，放在温度 2～8℃，相对湿度 50% 的培养箱中，备用。

雄花收集（第一步）　　　　烘干（第二步）　　　　去雄（第三步）

图 7-4　花粉花序及采集（张军　提供）

第七章　花果管控技术

（二）人工辅助授粉

人工辅助授粉专指需要授粉的椰子树或椰子园，不分类型和品种。

1. 授粉条件

当雌花开放呈乳白色，有花蜜渗出时，可以进行人工辅助授粉。

2. 授粉时间

每日上午 8：00 露水干后至 17：00 前每花序点授，整个花期重复 2 ～ 3 次。在晴天的上午 8：00 露水干后至 17：00 前进行，避免在雨天授粉。

3. 授粉方法

花粉和滑石粉以 1∶9 比例混合后用水稀释 1 ～ 2 倍，配制成花粉混合剂。授粉时用毛笔蘸花药混合剂点授到正在开放的雌蕊上（图 7-5）。

图 7-5　人工授粉（孙程旭　摄）

第三节　椰果的发育规律

一、椰果的发育

椰子花序伸出后 2 周内，大约有 70% 的雌花或幼果脱落。坐果的雌花有一部分在果实发育的不同阶段败育或脱落，椰子果实从坐果到完全成熟大约需要 1 年时间。坐果后，果实最初主要是体积增大，果皮厚度却增加不多，因而，胚囊腔明显增大，腔中充满液体；第四个月起，果实迅速增厚；到第 6 个月开始，胚囊腔内壁上开始形成固体胚乳，胚乳最先出现在果顶部位，逐渐向果蒂方向扩展，它是一层薄薄的凝胶状物质。椰果坐果 8 个月后，内果皮（果壳）开始硬化，其颜色也从原来的白色转为深褐色，此过程从果顶部位开始，逐渐向果蒂方向扩展；与此同时，果实的体积和重量也达到最大值，果实即将成熟时，胚乳变硬、变白，胚乳的外皮变成深褐色，牢固地黏着在果壳上。这时只有用坚固的刀子并用很大的力气才能把果肉撬离果壳。果实成熟时，椰子水减少到只占核腔体积的一半左右，另外，果皮开始变干，果实反而会变轻一些。

大部分椰果成熟过程约需 1 年，有些品种则稍长些，据国外报道，在科特迪瓦和贝宁，椰子要 13 个月才能成熟。熟透的果实会自动脱落，但有些品种的成熟果实要在树上好几个月才能脱落，有的品种甚至在树上发芽。

椰果的各组成成分，特别是椰子水和椰肉的质量，都受椰果成熟度的影响。国外对椰果发育的研究比较多。在国内，中国热带农业科学院椰子研究所也进行了相关方面的研究。

不同椰子品种的椰果体积和重量（椰衣、椰壳和椰子水重量）均有共同的生长发育规律：1—7 月属迅速增长期，8—9 月属稳定或缓慢增长期，10—12 月属逐渐成熟重量逐渐下降期。

不同品种椰果的椰肉和粗脂肪形成有类似规律：1—5 月属果腔形成过程，椰肉和脂肪尚未形成；6—12 月椰肉重量逐渐上升，粗脂肪含量逐渐提高，12 月达到高峰，粗脂肪含量 60% ~ 66%，即是椰果成熟期，果皮颜色由青变黄（褐），摇动椰果有清脆响水声，即是椰子收获加工期。

不同品种椰果的椰肉中粗蛋白质和碳水化合物的形成规律：椰子开花结果第 6 个月椰肉开始形成，6 月和 7 月分别为粗蛋白质和碳水化合物含量最高期，8—10 月逐渐下降，11—12 月趋于稳定，这时粗蛋白质含量达 8% 左右，碳水化合物达 13% ~ 14%。

不同品种椰子的椰子水糖分含量形成规律：2—6 月糖分含量逐渐提高，8—9 月达到高峰，糖度为 5.2 ~ 6.3Bx。10—12 月开始逐渐下降。作为椰青供应市场，8—9 月为采果最佳季节，并且以黄矮属为最优品种。

二、椰子花果管理

（一）椰子疏花、疏果技术

1. 人工疏花

椰子不需疏花，这是很多人的共识，实际生产中椰子花量很大，但产量不高。由于有些果子畸形或没有很好膨大，出现了花高产，果不高产，效益低下的现象。尤其是在不良环境减产更为厉害。因此，开展疏花对于椰子前期营养储备和统筹具有意义，尤其要疏处小穗基部多出来的雌花（"文椰3号"和"文椰4号"一般只有一个雌花，而越南有些品种一个小穗有2～4个不等）（图7-6）。

"文椰3号"雄花　　　　　　　　　"文椰4号"雄花

图7-6　不同品种椰子雄花序（孙程旭 摄）

高种椰子一般先开雄花，后开雌花，通常在雌花开放前3～5d，在雌花上方4～5cm处剪去雄花枝；矮种椰子雌雄花期相近，故要在花苞开放前2～3d去掉花苞片，然后在雌花上部4～5cm处剪去雄花枝。

人工疏花从花苞开发开始，首先将上部的花序全部疏掉，中间疏出1/3的花序，下部疏出2/3。

2. 人工疏果

落花后10～15d开始将所留部分，中部再疏出1/3果。通过实验测评，通过疏果等措施的椰子结的果整齐，表象原品种特色。比如，"文椰4号"受精后2个月疏果，该品种落果率只有1%～2%，果实圆润翠绿，平均产量为100个/株（图7-7和图7-8）。

"文椰 3 号"雌花　　　　　　　　　　椰子花与果（没有疏花疏果）

图 7-7　椰子雌花（孙程旭　摄）

图 7-8　椰子疏果（孙程旭　摄）

椰子花果管控即疏果后的产量略比对照低（表 7-1），而外观及品质比对照要好（表 7-2）。

表 7-1　椰子花控后的产量　　　　　　　　　　（个）

区组	花控试验			原始量	产量差	百分比 /%	
	最高量	最低量	平均量			产量比	产差比
WY-2	110	88	99	110	11	90	10
WY-3	105	79	92	110	18	83.64	16.36
WY-4	120	86	103	120	17	85.83	14.17
WY-5	130	90	110	160	50	68.75	31.25
WY-6	134	90	112	160	48	70	30
BDY	78	60	69	80	11	86.25	13.75

表 7-2　椰子花控后的品质

区组	果实风味		TSS/%		总酸 /‰		总糖 /‰		外观	
	花控前	花控后	花控前	花控后	花控前	花控后	花控前	花控后	花控前	花控后
WY-2	3.8	4.6	7.8	6.9	0.49	0.44	3.08	3.88	一般	好
WY-3	3.6	4.5	7.6	5.9	0.42	0.39	3.43	3.88	一般	好
WY-4	3.9	4.8	8.4	7.8	0.36	0.38	3.91	4.01	一般	好
WY-5	4.8	5.4	8.6	8.2	0.42	0.34	4.00	4.18	一般	好
WY-6	4.8	5.0	8.5	8.0	0.39	0.36	3.85	4.05	一般	好
BDY	3.5	3.8	6.3	6.0	0.47	0.41	3.93	4.33	较好	好

（二）椰子保花、保果技术

椰子保花、保果技术主要进行人工授粉处理（图 7-9 和图 7-10）。经常观察雌花开花情况，当柱头裂开 3 瓣呈乳白色，有花蜜渗出时，表明可以进行人工授粉，此时用喷粉器喷入花粉。每朵雌花受精 1 ～ 2d，高种椰子雌花花期约 7d，可用于授粉的时间为 14 ～ 15d。每天凌晨或傍晚授粉 1 次（隔日授粉）。

图 7-9　示范点（孙程旭 摄）

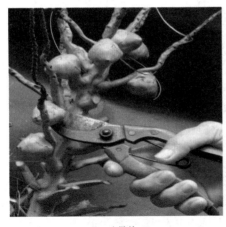

疏果前　　　　　　　　　　　　　　　　疏果后

图 7-10　人工疏果（孙程旭 摄）

（三）椰子套袋技术

椰果套袋主要用于鲜食用的椰子果，是为了增加椰子的外观品相，利于椰子的鲜果销售。

1. 果袋选择

优质高档果应选择有注册商标、质量较好的专用三层双色纸袋。

2. 套前准备

一般应选择优良品种，果园综合管理水平高、树体结构合理、严格疏花疏果的树进行套袋。套袋前 1 ～ 2d，要细致周到地喷布 1 次内吸型杀菌和杀虫剂，遇雨后需补喷。

3. 套袋

从花后 40 ～ 60d 开始套袋，20d 内完成。套袋前喷施 50% 辛硫磷乳油或 25% 爱卡士乳油 800 倍液或 20% 扑虱灵可湿粉 200 ～ 300 倍液。一天中宜在 8：00—11：00 和 15：00—19：00 进行套袋。套袋应尽量避开高温、降雨天气。套袋时严格执行操作规范，应先将纸袋撑开，由上往下套，使幼果置于纸袋中央，袋口打折叠向纵切口背侧面，扎丝捏紧，封严袋口，不伤及果柄和幼果（图 7-11）。

第七章　花果管控技术

图 7-11 果实套袋（孙程旭 提供）

第四节 椰果采收

从椰子生长发育全过程中可以看出，不同用途的椰果，其最佳收获期有所不同。椰果加工的主产品为椰干、椰蓉(椰茸)、椰奶、椰子汁、椰子油和椰子糖时，其椰果要充分成熟，收获期为第 12 个月，提前收获会降低油含量，影响产品品质和出品率。对副产品椰衣纤维而言，褐椰衣纤维（通用硬质纤维）椰果也要充分成熟（12 个月），椰衣纤维质量才达到高标准，对白椰衣纤维（嫩果纤维）而言，一般在椰果发育 7～8 个月为最佳纤维收获期；椰壳一般作为活性炭和工艺品，所以收获椰壳时椰果要充分成熟(12 个月)，椰壳硬度高，不变型产品才能达到标准；作为椰青（嫩椰果）当饮料水果时，7～9 个月为最佳收获期，椰子水和碳水化合物含量高，口感好。

一、采摘技术

（一）智能化采摘技术

未来的采摘技术将更加智能化。通过使用机器人、自动化采摘等技术，可以实现自动识别、精准采摘和分类等功能，提高采摘的效率和准确性。

（二）环保型采摘技术

未来的采摘技术将注重环保型。除了采用传统的采摘方法外，还将研究环保型的采摘技术，如使用生物降解材料制造的采摘工具等，以减少对环境的影响。

（三）可视化采摘过程

未来的采摘技术将注重可视化的采摘过程。通过使用视频监控和传感器等技术，可以实时监测采摘过程，保证采摘的准确性和安全性。

（四）可持续性采摘方式

未来的采摘方式将注重可持续性。采用可持续性的采摘方式，如采用可再生能源的采摘设备，减少对能源的消耗和对环境的影响。

二、采摘标准

（一）采摘标准的制定

未来的采摘标准将更加注重制定。通过科学研究和实验，可以制定科学的采摘标准，包括采摘时间、采摘方式、采摘工具等，以提高采摘的效率和果实的品质。

（二）采摘标准的推广与应用

未来的采摘标准将注重推广和应用。通过宣传教育和培训等方式，可以将采摘标准推广到实际生产中，并应用于不同的植物种类和生产环境中，以提高果实的品质和商品价值。

三、采摘的意义

（一）提高农业生产效率

通过智能化的采摘技术和自动化采摘技术，可以更加高效地进行农业生产，提高农业生产效率。

（二）提高农产品品质

通过制定采摘标准可以保证果实的品质和商品价值，满足人们对高品质农产品的需求。

（三）保护环境资源

通过采用环保型的采摘技术和材料，可以减少对环境的破坏和资源的浪费，保护环境资源。

（四）满足可持续农业的需求

通过采用环保型的花果管控和采摘管理技术，可以满足可持续农业的需求，降低对环境的影响，促进农业的可持续发展。

总之，未来采摘及采摘标准方面研究将注重智能化、环保型、标准化和推广应用等方面的发展，旨在提高农业生产效率、保护环境资源、提高农产品品质，并满足可持续农业的需求。同时，这些技术的研究和应用也可以促进农业现代化和智能化的发展，提高农业的竞争力和可持续性。

四、海南椰果采摘方法

根据不同用途椰果的最佳采收期及时地对椰果进行采收。目前，海南椰子的采收还是采用传统的方法。

（一）椰果在熟透后自然脱落

由于这种方法因采收时间长、过熟果椰水少、品质差，因而不能满足椰子加工业的要求，已逐渐被淘汰。

（二）用长竹竿钩果

竹竿末端绑一锋利钩刀，用其将成熟果钩下。这种方法操作非常费力，椰树越高，劳动强度越大。据调查，成年健壮男子每天约能采60株树。如果用力过大，钩刀将深深地钩住椰果，椰果无法脱离钩刀，容易使竹竿上端断裂，中途钩刀也易松动。所以工效较低，椰子受钩刀斜方向的力将快速被抛下，可能对采椰人造成一定的人身安全威胁。另外，椰果快速抛下的冲击力大，容易使椰果摔裂，造成损失。

（三）爬树采果

一般都是直接爬上树，也有的借助梯子爬上树腰处再往上爬。爬树的人一般不是整穗采摘，而是根据同一穗果实的不同成熟度采取，用砍刀将椰果砍下，或是用手拧断，果穗柄依旧留在树上，从而可在很大程度上保证椰果采收质量。但采果的进度较慢，爬树技术较熟练的采椰人每天约能采16株。这种方法危险性大，特别是在雨季（海南雨季也是椰果采收时期），椰树非常滑。另外，椰树上常有各种蚂蚁和蜂类昆虫，对采椰人易造成极大的危害。

（四）训练猴子爬树采果

猴子是一种模仿性和可训性很强的动物，并且很灵活，经过长时间的专业培训之后，可以爬到 10m 以上高的椰子树上。它会选择较为成熟的椰果，然后用爪子用力地拧椰果，直到椰果落下地来。在盛产椰子的泰国南部，猴子是上树采摘椰子的主要劳动力。由于手工采椰非常危险，采椰工越来越少，甚至出现劳动力短缺的危机，威胁泰国椰子产业的发展，因此，有人就训练猴子代替人来采摘椰子。

（五）机械化采果

目前椰果采摘主要采用传统手工作业的方式，这种方式劳动强度大、作业效率低、安全性差、生产成本高、椰果采收机械化技术不仅可以解决传统手工作业的种种弊端，还能有效促进海南椰子规模化、产业化的发展。梁栋等针对椰果采摘的特性，设计了一种液压控制系统。该系统由支腿收放、回转机构、大臂变幅、大臂伸缩、上臂回转、前臂回转、割刀回转 7 部分组成，可满足机械化椰果采摘高效、安全、稳定的要求。通过设计计算，确定了各液压元件的型号、规格及尺寸大小，并进行了采摘机切割器的室内模拟试验。

由于实验条件及时间的限制，这种机械采果方式仍存在着很多的问题，目前未能真正应用。海南普遍采用用长竹竿钩果或爬树（图 7-12），其他的途径，尤其机械化采摘还没有实现。因此，要实现采收机械化还需要更多的研究和科技投入。

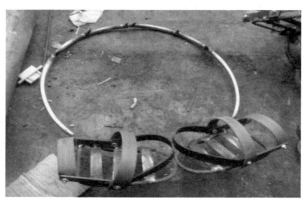

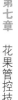

图 7-12　采摘工具

参考文献

陈卫军，赵松林，等，2013.椰子产业发展关键技术［M］.北京：中国农业出版社.

冯美利，李杰，唐龙祥，等，2015.香水椰子开花授粉习性与气候因子的相关分析
　　［J］.西南农业学报，28（4）：1780-1783.

冯美利，曾鹏，李杰，等，2010.香水椰子开花结果习性观察［J］.西南农业学报，
　　23（6）：2164-2166.

管德清，2013.枣树花果管理与树体调控技术［J］.农技服务，30（10）：1081-
　　1085.

梁栋，张劲，2010.椰果采摘机液压系统设计［J］.液压与气动，（5）：27-28.

潘衍庆，等，1998.中国热带作物栽培学［M］.北京：中国农业出版社：323.

孙程旭，等，2014.椰子标准化示范园生产技术［M］.海口：海南出版社.

孙程旭，等，2016.椰子园经营与管理［M］.海口：海南出版社.

唐龙祥，李阳，2013.中国椰子栽培理论与实践［J］.中国油料作物学报，（10）：
　　59-62.

王文壮，1998.椰子生产技术问答［M］.北京：中国林业出版社.

肖邦森，2001.南方优稀果树栽培技术［M］.北京：中国农业出版社.

中国热带农业科学院椰子研究所.椰子喷粉杂交制种方法：CN200910003957.0
　　［P］.2009-7-8.

第八章

椰林绿色防控技术

椰子病虫害相对较少，根据防范为主，治疗为辅的原则，以下主要介绍椰子病虫害防治技术，方便生产实际预防与操作。

第一节　椰子病害关键防治技术

一、椰子芽腐病

（一）危害与症状

椰子芽腐病是椰子树上的致死性病害，在整个生长期都可发生，大多数椰子种植区都有此病发生，潮湿的地区更易发生。

该病发病初期，树冠中央未展开的心叶先行枯萎，呈淡灰褐色，随后下垂，颜色越来越深，最后从基部倾折。病害从心叶基部向里扩展到生长点，最后生长点枯死腐烂，并发出臭味，已展开的嫩叶基部常见水渍状病斑，湿度大时病斑上长出白色霉状物，即为病原的孢子囊及孢囊梗。这时植株就不再向上生长，周围未被侵染的叶片仍可保持绿色达数月之久（图8-1、图8-2和图8-3）。

图8-1　芽腐病典型症状（余凤玉 摄）

图8-2　椰树心部腐烂（黄英凯 摄）

图 8-3　心叶死亡后树冠正常（余凤玉 摄）

（二）病原学

该病的病原菌为卵菌门、卵菌纲、腐霉目、疫霉属的棕榈疫霉（*Phytophthora palmivora* Butler）（图 8-4、图 8-5 和图 8-6）。病原菌在寄主的病残体上存活，当雨季来临，且温度适宜（20 ～ 25℃）时，病原菌便侵入寄主的细嫩组织。

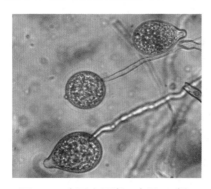

图 8-4　病原孢子囊（余凤玉 摄）

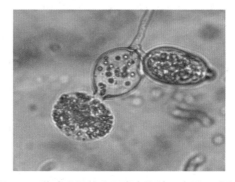

图 8-5　游动孢子从孢子囊内释放（余凤玉 摄）

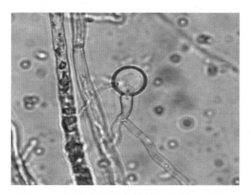

图 8-6　空的藏卵器和雄器（余凤玉 摄）

（三）发生规律

该病原菌好水性强，喜凉爽气温，每年2—5月是常发季节，雨天或相对湿度90%以上，温度20～25℃，病原菌开始萌发和传播，雨季末期和台风雨后，此病为害最严重。椰子树整个生长期都感病，其中5～10龄的椰子树最易感病。

（四）防治

1. 加强园内管理

一般高种椰子比矮种椰子抗病，因此，重病区应选种高种椰子。

2. 加强栽培管理

多施有机肥及人畜土杂肥。雨季及时开沟排除椰园积水，降低椰园湿度，干旱时及时浇水。

3. 铲除病株

巡查椰园，发现病植株及时铲除，将病组织深埋或集中烧毁，减少初侵染源，对处理过的伤口涂药保护。

4. 合理间作

利用一些乔木下间种椰子，可大大降低芽腐病的发生率，既可提高土地利用率，又可减少椰子树因芽腐病死亡所造成的损失。

5. 化学防治

在10月到翌年2月选用1%波尔多液，或用58%瑞毒锰锌可湿性粉剂600倍液，或用40%乙磷铝可湿性粉剂350倍液，或用65%甲霜灵可湿性粉剂600～800倍液，或用50%嘧菌酯悬浮剂3 000～4 000倍液，或用250g/L双炔酰菌胺悬浮剂1 000～1 500倍液，或用69%烯酰吗啉锰锌可湿性粉剂800倍液，或用50%烯酰氟吗可湿性粉剂、或用68%精甲霜锰锌水分散粒剂、或用72.2%普力克水剂、或用64%杀毒矾可湿性粉剂等药剂喷施植株心叶及幼嫩部分。每隔7～10 d喷药1次，连喷2～3次，可有效地防治此病。

二、椰子灰斑病

（一）危害与症状

椰子灰斑病分布很广，在所有种植椰子的地区都有发生。受害叶片斑点累累，影响叶片光合作用；重病时叶片干枯、凋萎、提早脱落。在苗期或幼树期，染病植株长势衰弱，严重时导致整株死亡，影响成龄树开花、结果，导致减产。

该病大多数发生在老叶，嫩叶很少发病。最初在小叶上出现黄色小斑，外围有灰色条带，这些斑点最后汇合在一起形成大的病斑，病斑中央逐渐变成灰白色，灰色条带变成黑色，外围有黄色晕圈。重病时整张叶片干枯萎缩，似火烧状。在褐色病斑上散生有黑色、圆形、椭圆形或不规则的小黑点（图 8-7 至图 8-10）。

图 8-7　叶片干枯（余凤玉 摄）

图 8-8　叶斑（余凤玉 摄）

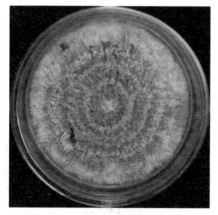

图 8-9　病原菌落形态（余凤玉 摄）

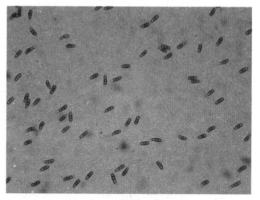

图 8-10　病原分生孢子（余凤玉 摄）

（二）病原学

病原菌为半知菌类、腔孢纲、黑盘菌目的拟盘多毛孢菌［*Pestalotiopsis palmarum*（Cooke）Steyaert］。有性世代为棕榈亚隔孢壳菌（*Didymella cocoina*），属子囊菌门真菌。

（三）发生规律

此病全年均可发生。高湿条件有利病害发生。管理粗放，树势弱的椰园发病重。育苗时过度拥挤此病蔓延迅速。病原菌以菌丝体和分生孢子盘在病叶、病落叶残体上越冬，翌年产生分生孢子，借风雨传播。偏施氮肥加重发病。

（四）防治

1. 加强栽培管理

育苗期避免过度拥挤；一般每公顷种植椰子 165 ～ 210 株；不偏施氮肥，宜增施钾肥；清除病叶并集中烧毁。

2. 化学防治

发病初期选用 50 % 克菌丹可湿性粉剂 500 倍液，或用 50 % 王铜可湿性粉剂 500 倍液，或用 1 % 波尔多液，或用 70 % 甲基硫菌灵可湿性粉剂 500 ～ 800 倍液，或用 80% 代森锰锌可湿性粉剂 500 ～ 800 倍液，或用 50 % 异菌脲可湿性粉剂 500 ～ 800 倍液等药剂喷洒叶片。每隔 7 ～ 14 d 喷施 1 次，连续喷施 2 ～ 3 次可以有效地防治此病。发病严重时，先把病叶清除干净，然后再喷施以上药剂。

三、椰子泻血病

（一）危害与症状

泻血病最先在斯里兰卡报道，2009 年我国首次报道泻血病发生，是椰子产区常见的病害。该病害症状出现在树干茎部（图 8-11、图 8-12 和图 8-13）。

图 8-11 裂缝中流出褐色黏稠液体（余凤玉 摄）

图 8-12　黏稠液体干后变黑（余凤玉　摄）　图 8-13　后期下层叶片开始死亡（余凤玉　摄）

（二）病原学

该病的病原菌为奇异长喙壳菌［*Ceratocystis paradoxa*（Dade）Moreau］，为子囊菌门、核菌纲、球壳目、长喙壳属真菌。在 PDA 培养基 25 ℃培养时，菌落初为灰白色，后变黑色，菌落平展，扩展迅速（图 8-14）。

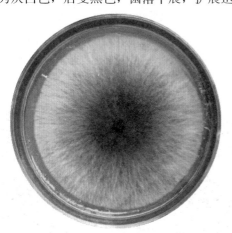 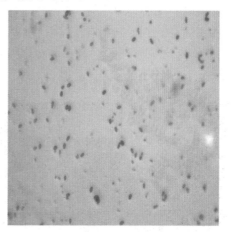

图 8-14　病原菌菌落形态、无性态的分生孢子及厚垣孢子（余凤玉　摄）

（三）发生规律

病原菌以菌丝体或厚垣孢子在病组织中或土壤里越冬，厚垣孢子可在土中存活 4 年，厚垣孢子借气流或雨水溅射及昆虫传播，遇到寄主组织时产生芽管，从伤

第八章　椰林绿色防控技术

口侵入，只要环境温暖潮湿，病害迅速发展。高温干旱发病较轻，当遇有暴风雨或台风后，发病率升高。春季地温低于 19 ℃或遇有较长时间的阴雨，发病加重。此外，土壤黏重、板结，椰园低洼积水、湿度大，容易发病。

（四）防治

1．加强栽培管理

科学施用有机肥和化学肥料，9 月在每株椰子树基部施用 50kg 有机肥和 5kg 含拮抗真菌木霉的印楝素饼。避免在树干上造成机械损伤，干旱的时候注意浇水，雨季做好排水工作。

2．化学防治

挖除病组织，并集中烧毁，对处理过的伤口用克啉菌（十三吗啉）用 100 mL 水加 5 mL 克啉菌消毒，2d 后涂上波尔多浆保护；为防止病害沿着树干向上蔓延，用 5％克啉菌在 4—5 月、9—10 月和 1—2 月各灌根 1 次。

四、椰子茎秆腐烂病

（一）危害与症状

奇异根串珠霉菌（*Thielaviopsis paradoxa*）危害多种植物。该病常在下层叶片着生处开始腐烂，初期难于发现，中后期引起下层叶片干枯下垂，幼果大量脱落（图8-15）。当树干往下腐烂的时候，树干就会断倒。检查树干横截面可以发现，只有一边的树干腐烂（图8-16）。

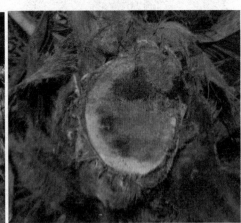

图8-15　下层叶片干枯下垂（余凤玉 摄）　　图8-16　树干腐烂（符海泉 摄）

（二）病原学

椰子树干腐烂病是由奇异根串珠霉 *Thielaviopsis paradoxa* 引起的（图 8-17）。奇异根串珠霉有多种命名。奇异根串珠霉菌只从新伤口中侵入，树势较弱时传播会加快。该病原菌大多数侵染未木质化或是轻度木质化的组织。一般会产生挥发性物质，特别是乙酸乙酯和酒精，所以病组织常有果腐的臭味。

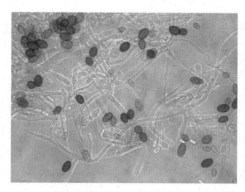

图 8-17　内生分生孢子着生状及厚垣孢子（余凤玉 摄）

（三）发生规律

树干腐烂病主要从伤口侵入。病原菌可通过风、雨水、昆虫和啮齿动物传播至新的伤口；厚垣孢子可以土壤中存活很长一段时间，因此土壤也可传播。

（四）防治

由于该病在早期很难发现，目前尚无有效的防治措施。一旦发现椰树断倒，应立刻清除病株，防止其二次成为传染源。

如果发现较早，须把发病部位挖除干净后及时喷施杀菌剂（有效成分为甲基硫菌灵或氟咯菌腈的杀菌剂），可有效防治该病。用于清除发病组织的工具都必须用消毒剂消毒。可选用的消毒剂有漂白粉、松油清洁剂、外用酒精、工业酒精。把工具放在消毒剂中浸泡 10min，然后用清水冲洗干净。对于小型机械，需要把链条和轮盘分开浸泡。

五、椰子煤污病

（一）危害与症状

煤污病又名煤烟病，在椰子种植区普遍发生。椰子煤污病主要危害叶片，被害

部分覆盖一层黑色煤炱状物。因病原种类不同,引起的症状各有差异,如煤炱属的煤炱为黑色薄纸状,易撕下或自然脱落;刺盾炱属的霉层似锅底灰,若用手指擦拭,叶色仍为绿色;小煤炱属的霉层呈辐射状小霉斑,分散于叶面及叶背,由于其菌丝产生吸孢,能紧附于寄主表面,故不易脱落。煤污病严重时,浓黑色的霉层覆盖住整片叶片及枝干,阻碍叶片的光合作用,抑制生长,叶片变黄萎,提早脱落,降低观赏价值和产量(图8-18、图8-19)。

图 8-18　叶片长满煤炱状物（余凤玉 摄）　　图 8-19　严重受害的叶片（余凤玉 摄）

（二）病原学

常见的有柑橘煤炱（*Capnodium citri* Berk. Et Desm）与刺盾炱［*Chaetothyrium spinigerum*（Holm）Yamam］、小煤炱目的巴特勒小煤炱（*Meliola butleri* Syd.）。这三类病菌的共同特点是菌丝、繁殖器官和孢子都为深褐色至黑色,表生(图8-20、图8-21)。

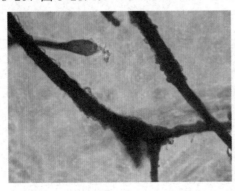
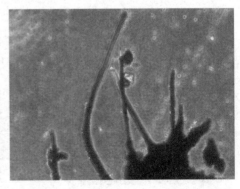

图 8-20　煤炱属（*Capnodium*）附着枝　　　图 8-21　煤炱属（*Capnodium*）刚毛
　　　　　（余凤玉 摄）　　　　　　　　　　　　　（余凤玉 摄）

（三）发生规律

病原菌大部分种类以蚜虫、蚧虫等昆虫的分泌物为营养，因此这些昆虫的存在是本病发生的先决条件，并随着这些昆虫的活动而消长；小煤炱属是纯寄生菌，引起的煤污病与昆虫关系不大。高温、高湿发病严重，病原菌孢子借风雨传播，也可随昆虫传播。在栽培管理粗放和荫蔽、潮湿的椰园中常造成严重危害。

（四）防治

1. 加强田间管理

植株种植不要过密，及时清除杂草，改善椰园的通风透光条件，增强树势。

2. 防治媒介昆虫

及时防治与病害发生有关的黑刺粉虱、介壳虫等刺吸式口器的媒介害虫。

3. 化学防治

可选用70％百菌清可湿性粉剂700倍液，或用25％敌力脱可湿性粉剂2 000～2 500倍液，或用50％代森铵水溶液500～800倍液，或用50％灭菌丹可湿性粉剂400倍液等药剂进行防治。

六、椰子茎基腐病

（一）危害与症状

1952年，印度首次报道了椰子茎基腐病的发生。该病在11月至翌年6月发生比较普遍，长势弱的椰子树比较容易发病，病原菌从根部侵入，随后向上发展，最后整个根部腐烂。

1. 树干症状

最初的可见病症是病株的茎基部流出红棕色黏性分泌物，随着病情的加重，分泌物可扩展到树干地上部分3m高处。通过对病株样品的检测，发现部分内部组织均已变成褐色，发病末期，椰子树的茎基部完全腐烂。在某些病株枯萎死亡之前，灵芝子实体出现在紧贴土壤的树干上（图8-22和图8-23）。

2. 叶部症状

植株发病初期，其外轮叶片变黄，之后变成淡黄色，最后枯萎。随着病情加重，残留的叶片很快枯萎脱落。某些病株的芽由于输导组织被破坏，导致细胞液缺失，细胞死亡而出现在软腐。发病末期，整个树冠从主干上脱落下来。

图8-22 病菌子实体（唐庆华 摄）

图8-23 病树死亡（唐庆华 摄）

3. 花部症状

花朵和花穗的正常生长被抑制，随着病情的加重，花蕾不断脱落，病害较轻时不出现这种现象。当叶片枯萎时，花穗也垂掉在树上，不能孕育果实。当病害蔓延速度较慢时，还可产少量正常果实。

4. 根部症状

根系水渍状，且散发出酒味，皮下组织变红，邻近中柱的组织变褐。症状出现后植株基本上不再长出新根。

椰子茎基腐病通常有五个发展阶段：第一阶段，小叶枯萎，最低一层叶片变黄，健康根系受侵染后腐烂死亡；第二阶段，邻近地面的茎基部出现泻血点，逐渐向上蔓延，根系进一步腐烂，停止抽生新的花穗；第三阶段，泻血点在树干上进一步蔓延，低层叶片枯萎，大量花蕾脱落，不结果；第四阶段，茎腐继续向上蔓延，最低一层叶片干枯脱落，除了叶轴及二三片仍向上展开的嫩叶外，其他的叶片也全都枯萎；第五阶段，所有叶片枯萎且从主干上脱落，茎秆皱缩干枯。从病害的第二个阶段发展至第五个阶段（从植株出现泻血点至死亡）需要6~54个月的时间。在病害的第三、第四、第五阶段，发现穿孔齿小蠹和椰花四星象甲从树干泻血点钻进树干为害，这些虫害加速了椰子树的死亡。

（二）病原学

病原菌是灵芝菌（*Ganoderma lucidum*），属于土壤寄居菌。菌丝体气生、无色、壁薄，常具锁状连合分枝。适宜的温度下，在 PDA 培养基上菌落白色至浅黄色，毡状至羊毛状。在光照条件下，菌落变成黄色。

（三）发生规律

该病主要发生在滨海地区砂壤土的失管椰园中。夏季土壤湿度低、雨季土壤积水、椰园中残存的老病株及栽培管理不当均有利于该病的发生与传播。一般 10 ～ 30 龄的椰子树易受到侵染。在病害流行地区，杂交椰子树在 5 ～ 6 龄时易被侵染，高种椰子树在 16 ～ 30 龄时易受侵染。该病多在 3 月和 8 月发生。

（四）防治

1. 加强栽培管理

把发病植株连根一起销毁，在离病株 2 ～ 3m 远的地方挖 1 条 1m 深，50cm 宽的隔离沟以防止病害传播；重新种植椰子树时，在种植坑中加入黏土、农家肥及 5kg 的印楝肥；砂质土发病严重时，可种植田菁等绿肥作物来保持土壤水分，增强抗病性；避免深耕和挖掘对根部造成伤口；每年 6—7 月每株树施用农家肥 20 kg 和印楝饼 5 ～ 10 kg；把 2kg 过磷酸钙和 3 kg 氯化钾分成 2 份，分别在 7 月和 11 月对每株树施肥；不施氮肥和复合肥。

2. 化学防治

每年 8—9 月每株椰子树基部喷 40L1 % 波尔多液 1 次；发病初期，每 25 mL 水加 6 mL 十三吗啉混匀后，灌根，每年 3 ～ 4 次；每株椰子树施硫黄粉和石灰 2 kg 在土中，也可以有效预防该病。

七、椰子果腐病

（一）危害与症状

该病在椰子种植国都有发生，对产量影响非常大，但还没有因果腐病引起植株死亡的报道。幼果发病较多，受害果脱落。该病早期，在果柄附近出现水渍状暗绿色斑点，随后，变为褐色，发病组织腐烂，表面长有白色菌丝。腐烂严重时还可蔓延至外壳，如果果壳不够坚硬，甚至可以蔓延至内腔（图 8-24）。

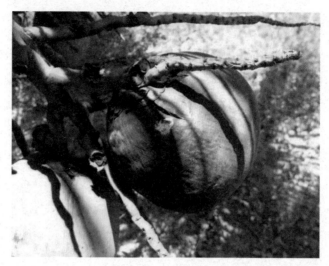

图 8-24　果实从果柄处开始腐烂（余凤玉　摄）

（二）病原学

病原菌为卵菌门、卵菌纲、霜霉目、腐霉科、疫霉属（*Phytophthora* sp.）菌物引起。藏卵器球形或近球形，内有 1 个卵孢子，球形，厚壁或薄壁，无色至浅色；雄器大小形状不一，围生或侧生（图 8-25）。

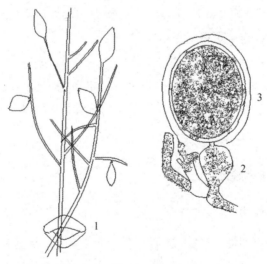

图 8-25　病原形态
1- 孢子囊梗和孢子囊；2- 雄器；3- 藏卵器

（三）发生规律

病原菌以卵孢子随病残体在土壤中越冬，翌年条件适宜时侵染寄主，在病部产生大量游动孢子，通过浇水工风雨传播，发生再侵染。高温多雨有利于发病。一般地势低洼、排水不良、浇水过多，或地块不平整发病较重。

（四）防治

1. 加强栽培管理

合理浇水，避免大水漫灌，雨后及时排水，适当增施钾肥，发现病株及时把病组织清除干净和脱落的果集中烧毁。

2. 化学防治

发病初期可选用 70% 乙膦锰锌可湿性粉剂 500 倍液、或用 72% 克露或克霜氰或霜脲锰锌可湿性粉剂 600 倍液、或用 64% 噁霜·锰锌可湿性粉剂 400 倍液、或用 69% 安克锰锌可湿性粉剂 800 倍液喷雾，隔 10d 喷 1 次，连续喷 2～3 次。

八、椰子炭疽病

（一）危害与症状

初期出现小的、水渍状、墨绿色，1～2 mm 宽的斑点。病斑扩大成圆形，病斑中央由棕褐色转为浅褐色，边缘水渍状（图 8-26）。随着病斑的扩展，病斑中心由浅褐色转为乳白色，一些病斑边缘呈黑色（图 8-27）。多数圆形病斑宽3～7 mm，随着病斑连接在一起，坏死面积增大，展开的嫩叶上病斑扩大。嫩叶容易感病，老叶比较抗病。

图 8-26 嫩叶上的水渍状斑（余凤玉 摄）

图 8-27　老叶上的褐色病斑（余凤玉 摄）

（二）病原学

病原菌为胶孢炭疽菌（*Colletotrichum gloeosporiodes* Penz.）。分生孢子盘的顶部无色，短棒状。分生孢子为长圆形或圆筒形，无色，单胞，长 13.5～17.7 μm，宽为 4.3～6.7 μm，有油球或无（图 8-28）。

图 8-28　病原分生孢子（余凤玉 摄）

（三）发生规律

叶片和叶鞘上的老病斑上会产生炭疽菌孢子，这些孢子通过雨水溅射传播到健康植株上。叶片保持湿润 12 h 以上，孢子就会萌发产生附着胞，附着胞使孢子牢牢吸附于叶片上，然后产生侵染菌丝，侵染菌丝穿透叶片表面，完成病原在叶片上的定殖，叶片出现褐色坏死或是叶斑。孢子也可通过风传播，苗圃工人清除病植物等人事操作或昆虫等也可传播。

（四）防治

1. 加强田园卫生管理

把所有的坏死病叶和叶鞘清除干净。只有少量斑点的叶片或小叶也要清除干净，集中销毁。发病植株的盆栽土应该废弃，如需再用，必须高温灭菌。病组织和病土是新病害发生的传染源。

2. 控制湿度

调节湿度是病害防治的重要措施。减少高空灌溉或是雨天湿度，以减少病原的传播，阻止孢子萌发，减少孢子产生。

3. 化学防治

化学防治可选用 50% 咪鲜胺锰盐可湿性粉剂 1 000 倍液，或用 80% 代森锰锌可湿性粉剂 800 倍液，或用 50% 退菌特可湿性粉剂 500 倍液，或用 70% 丙森锌可湿性粉剂 600～800 倍液，或用 78% 代森锰锌·波尔多液可湿性粉剂 500～600 倍液，或用 50% 嘧菌酯悬浮剂 3 000～5 000 倍液，或用 75% 百菌清可湿性粉剂 300～500 倍液，或用 50% 甲基硫菌灵可湿性粉剂 1 000 倍液等药剂进行叶片喷雾。

第二节　椰子虫害关键防治技术

一、椰心叶甲

（一）危害识别

椰心叶甲（*Brontispa longissima* Gestro）成虫和幼虫在椰树未展开心叶中沿叶脉平行取食表皮薄壁组织，在叶上留下与叶脉平行、褐色至灰褐色的狭长条纹，严重时条纹连接成褐色坏死条斑，叶尖干枯，整叶坏死（图 8-29 和图 8-30）。受害叶片长出后焦枯如火烧状。扒开受害的未展开叶片，可以看到大量的成虫或幼虫。每株成年椰子树上最多可有上千头虫。5 年生以下或长势较弱的椰树经常受椰心叶甲危害。植株受害后期表现部分枯萎和褐色顶冠，造成树势减弱，椰子产量降低，甚至导致植株死亡。

图 8-29 单株受害状（李朝绪 摄）　　　图 8-30 成片受害状（李朝绪 摄）

（二）形态特征

成虫（图 8-31）：体扁平狭长，雄虫比雌虫略小。体长 8 ～ 10mm，宽约 2mm，触角粗线状，11 节，黄褐色；顶端 4 节色深，有绒毛，柄节长 2 倍于宽。触角间突超过柄节的 1/2，由基部向端部渐尖，不平截。沿角间突向后有浅褐色纵沟。头部红黑色；头顶背面平伸出近方形板块，两侧略平行，宽稍大于长。前胸背板黄褐色，略呈方形，长宽相当，具有不规则的粗刻点。前缘向前稍突出，两侧缘中部略内凹，后缘平直。前侧角圆，向外扩展，后侧角具 1 小齿。中央有 1 个大的黑斑。鞘翅两侧基部平行，后渐宽，中后部最宽，往端部收窄，末端稍平截。中前部有 8 列刻点，中后部 10 列，刻点整齐。鞘翅前端为红黄色，中后部分甚至整个鞘翅全为蓝黑色，鞘翅颜色与分布地有关。足红黄色，粗短，跗节 4 节。

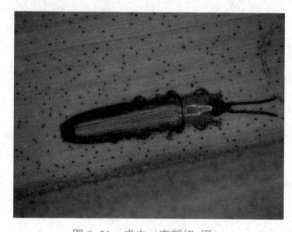

图 8-31 成虫（李朝绪 摄）

幼虫（图8-32）：一般有5龄，白色至乳黄色。

图8-32　幼虫（李朝绪　摄）

蛹（图8-33）：长10.5mm，宽2.5mm，与幼虫相似，但个体稍粗，翅芽和足明显，腹末端仍有尾突，但基部的气门开口消失。

图8-33　蛹（李朝绪　摄）

卵（图8-34）：椭圆形，褐色，长1.5mm，宽1.0mm。上表面有蜂窝状凸起，经常有分泌物覆盖，下表面无此结构。

图8-34　卵（李朝绪　摄）

（三）发生规律

椰心叶甲在我国每年发生 3 ～ 6 代，世代重叠。椰心叶甲的发育历期受取食食料和外界环境温度影响，各虫态的发育起点温度均在 11 ℃以上；高温对椰心叶甲各虫态发育均不利，室内饲养椰心叶甲在温度 32 ℃以上时，成虫与卵均不能成活。天气干旱有利于此虫的发生，海南的西南部市县降水相较于其他市县略少，故当地椰心叶甲为害程度较其他市、县略重；在海南，每年春季和秋季有两个明显的发生高峰期。成虫惧光，喜聚集在未展开的心叶活动，见光即迅速转移，寻找隐蔽处。成虫具有一定的飞翔能力及假死现象，可近距离飞行扩散，但较慢，白天多缓慢爬行。椰心叶甲远距离传播主要靠苗木调运或运载工具。

（四）防治

化学防治：挂包法是将叶甲清粉剂药包固定在植株未展开叶上，让药剂随水或人工淋水自然渗到害虫危害部位从而杀死害虫。只要药包中还有药剂剩余，一旦下雨，雨水都会带着药剂流向叶心起到杀虫作用。挂包法有明显效果，且药效期相对较长、效果较好，无粉尘或雾滴飘污染，有利于环境保护，对控制疫情可以发挥巨大的作用。

生物防治：通过释放天敌椰甲截脉姬小蜂和椰心叶甲啮小蜂来防治，椰甲截脉姬小蜂寄生椰心叶甲的幼虫，椰心叶甲啮小蜂寄生椰心叶甲的蛹，两种寄生蜂混合释放可同时控制椰心叶甲不同的发育生态位，使寄生蜂防治效果比释放单一寄生蜂提前。椰甲截脉姬小蜂和椰心叶甲啮小蜂通过在椰心叶甲幼虫或蛹的体内产卵并孵化繁殖，从而将椰心叶甲幼虫或蛹杀死。一头寄生幼虫平均繁育 50 头姬小蜂，一头寄生蛹平均繁育 20 头啮小蜂。姬小蜂、啮小蜂具有可靠的安全性，释放后不会演变为有害生物。释放时，每隔 30 ～ 50m 悬空放置一个释放器。一个释放器中放 50 个即将出蜂的被寄生的椰心叶甲。视椰心叶甲发生情况，每年释放 2 ～ 3 次。

二、红棕象甲

（一）危害识别

红棕象甲（*Rhynchophorus ferrugineus* Oliver）主要为害 3 ～ 15 年生的椰树，成虫产卵在未展开心叶腋叶柄内或受害的幼嫩组织部位里，幼虫孵化后在里面向下蛀食，形成一条条的食道，最终破坏椰子的生长点及上部树干的幼嫩组织（图8-35和图8-36）。为害前期可以看到心叶长出的取食痕迹，后期时上部树干出现钻蛀孔，一些叶柄上部可以看到老熟幼虫利用纤维做的茧（图8-37和图8-38）。此时，上部树干已基本上被蛀空，外部叶柄逐渐倒披，心叶部分遇到大风时会倾折。

图 8-35　红棕象甲茧（吕朝军　摄）　　　图 8-36　红棕象甲蛀孔（黄山春　摄）

图 8-37　早期受害的椰树（李朝绪　摄）　　　图 8-38　后期受害的椰树（李朝绪　摄）

（二）形态特征

卵（图 8-39）：乳白色，具光泽，长卵圆形，光滑无刻点，两端略窄。刚产的卵晶莹剔透，第二天没什么变化，第三天略膨大，两端略透明，后又逐渐缩小至原先水平，孵化前卵前端有一暗红色斑，平均大小 2.36mm×0.93mm。

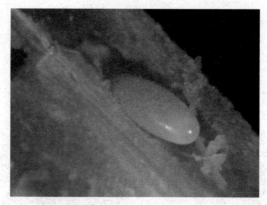

图 8-39　卵（李朝绪　摄）

　　幼虫（图 8-40）：体表柔软，皱褶，无足，气门椭圆形，8 对。头部发达，突出，具刚毛。腹部末端扁平略凹陷，周缘具刚毛。

图 8-40　幼虫（李朝绪　摄）

　　蛹（图 8-41）：离蛹，长 20 ～ 38mm，宽 9 ～ 16mm，长椭圆形，初为乳白色，后呈褐色。前胸背板中央具一条乳白色纵线，周缘具小刻点，粗糙。

图 8-41　蛹（李朝绪　摄）

　　成虫（图 8-42）：体长 19 ～ 34mm，宽 8 ～ 15mm，胸厚 5 ～ 10mm，喙长 6 ～ 13mm。身体红褐色，光亮或暗。体壁坚硬。喙和头部的长度约为体长的 1/3。口器咀嚼式，生于喙前端。

图 8-42　成虫（李朝绪 摄）

（三）发生规律

成虫白天一般隐藏于叶柄夹缝间，仅在取食和交配时飞出。雌虫将卵产入寄主叶柄或树冠伤口、裂缝处。幼虫孵化后，即取食寄主的幼嫩组织并靠身体收缩蠕动向树干内部钻蛀，在寄主植物内部形成错综复杂的蛀道。当幼虫发育至一定老熟阶段时，便利用寄主纤维作茧化蛹。

红棕象甲有一定季节性活动规律，在海南有 3 ～ 4 个发生高峰期，世代重叠，常年可见各虫态。在海南通过聚集信息素对红棕象甲成虫诱集发现，6—8 月是红棕象甲成虫活动的一个高峰期。气候条件对红棕象甲成虫的活动有一定的影响，雨天及低温天气引诱红棕象甲成虫数量明显减少。

（四）防治

加强检疫，切断虫源传播。一旦发现有红棕象甲为害的植株，应立即就地销毁。同时积极开展疫情普查，杜绝害虫侵入。及时清理棕榈苗圃里的垃圾及枯枝败叶，减少园内虫源。受害植株应及时救治，受害后无法救治的或已经死亡的植株，应及时清除、销毁，彻底消灭幼茎组织内各虫期的害虫。

在椰园中悬挂诱捕器，利用红棕象甲聚集信息素诱杀红棕象甲成虫，有效降低虫口密度，从而减少其对椰树的危害。

对于早期受害的椰树，可用 3 % 啶虫脒 EC、4.5 % 高效氯氢菊酯 EC、30 % 三唑磷 EC 和 80 % 敌敌畏 EC 等稀释后冠淋心部，以上杀虫剂对红棕象甲高龄幼虫药效最好；用磷化钙对红棕象甲进行熏蒸防治有比较理想的防治效果，即在靠近危害处约 30 cm 的地方用电钻钻 3 个深约 5 cm 的洞，塞进磷化钙颗粒剂，用湿泥封口，每株受害植株的使用量为 8 g 的磷化钙。

三、二疣犀甲

（一）危害识别

二疣犀甲以成虫危害未展开的椰子心叶、生长点、叶柄或树干，咬断或咬食其中的一部分。心叶尚未抽出时便被害时，抽出展开后叶端被折断或呈扇形，或叶片中间呈波纹状缺刻，受害较多时树冠变小而凌乱，影响植株生长和产量；生长点受害多致整株死亡；树干（幼嫩部分）受害留下孔洞为其他病虫害（如红棕象甲、褐纹甘蔗象）侵入提供条件（图8-43和图8-44）。

图 8-43　为害心叶（李朝绪　摄）　　图 8-44　为害形成扇形截面（李朝绪　摄）

（二）形态特征

成虫（图8-45）：雄虫较大，体长33.2～45.9mm，前胸宽14.0～18.7mm。雌虫一般较雄虫小，体长38.0～43.0mm，前胸宽15.0～18.0mm。雌、雄体表均为黑褐色，光滑，有光泽；腹面稍带棕褐色，有光泽，头小。

幼虫（图8-46）：蛴螬型，共分3龄。

图 8-45　成虫（李朝绪　摄）　　　图 8-46　幼虫（李朝绪　摄）

蛹（图 8-47）：体长 45 ～ 50mm，前胸宽 18 ～ 20mm，腹部宽 21 ～ 25mm，全体赤褐色。

卵（图 8-48）：椭圆形，初产时乳白色，大小为 3.5mm×2.0mm；后期膨大为 4.0mm×3.5mm，颜色变为乳黄色，卵壳坚韧，有弹性。

图 8-47　蛹（李朝绪 摄）

图 8-48　卵（李朝绪 摄）

（三）发生规律

在海南 1 年发生 1 代，世代重叠。成虫和幼虫以 6—10 月发生较多，成虫羽化时间大多数在上午 9：00 至 19：00，初羽化的成虫在蛹室内停留 5 ～ 26d，然后外出活动，成虫属昼伏夜出型，黄昏开始活动。成虫期较长，可达数月乃至半年。成虫飞翔力强，一般一次飞翔 200 m 左右，顺风能飞 9km 远，如果附近有取食作物和繁殖场所存在，则不作远距离飞翔。成虫多选择多汁植株的心叶，咬坏心叶和叶柄，深达 5 ～ 30cm，食其汁液。取食时留下撕碎的残渣碎屑于洞外，依此可发现此虫害。成虫取食时一般在植株上潜居 20 ～ 60d 后方飞回繁殖场所交配产卵。

（四）防治

首先要搞好田间卫生、清除二疣犀甲的繁殖场所可减少二疣犀甲田间种群数量。其次对二疣犀甲成虫诱杀，主要有两种方法：潜所诱杀和诱捕器诱杀。潜所诱杀是利用成虫喜爱在腐殖质堆上产卵的习性，用牛粪或劈成两半的新腐烂疏松的椰树干引诱成虫前来产卵繁殖，在成虫的产卵场所喷洒金龟子绿僵菌或病毒。诱捕器诱杀是将二疣犀甲聚集信息素诱芯，悬挂在置于 1m 高的诱捕器挡板上部，成虫飞来后撞在挡板上后落入诱捕器水中诱杀。

（一）危害识别

椰子织蛾幼虫从棕榈植物下层叶片开始逐渐向上取食为害。幼虫在叶片背面利用其吐的丝与粪便织成丝状虫道，并隐藏其中取食，直至化蛹，所形成的虫道不规则，严重时，除上层3～4片新叶外整个树冠都受害，受害叶片卷折、焦枯，形似火烧状，严重时嫩叶和花穗及叶柄也会被啃食（图8-49和图8-50），受害植株树势衰弱，导致椰子产量下降，甚至引起植株死亡。

图 8-49　受害部位特征（李朝绪　摄）　　图 8-50　成片受害状（李朝绪　摄）

（二）形态特征

成虫（图8-51）：浅灰色。雄性体长（7.58±0.26）mm，翅展（17.17±0.12）mm；雌性体长（9.37±0.31）mm，翅展（23.22±0.29）mm。触角丝状，约为体长的1/2。

蛹（图8-52）：红褐色，包被于混合寄主碎屑和虫粪的丝质茧中，腹部末端有一根刺。

 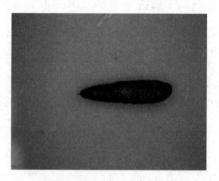

图 8-51　成虫（李朝绪　摄）　　　　图 8-52　蛹（李朝绪　摄）

幼虫（图 8-53）：初孵幼虫淡黄色，后逐渐变为绿棕色。

卵（图 8-54）：半透明乳黄色，长椭圆形，具有纵横网格，成堆产于叶片背面，随着接近孵化卵壳颜色逐渐变红。

图 8-53　幼虫（李朝绪 摄）

图 8-54　卵（李朝绪 摄）

（三）发生规律

椰子织蛾在海南一年发生 4 ～ 5 代，在内地一年发生 3 ～ 4 代。椰子织蛾幼虫主要从椰树等寄主植物的下部叶片向上为害，严重时将整张叶片取食殆尽。国外调查发现，受害严重椰树 4 年后才能恢复到正常长势与产量。

每年 4—10 月是椰子织蛾的主要高发期，最初在个别单株下部少量的叶片被椰子织蛾幼虫取食，椰园中没有明显的虫害症状，但连续几代虫害后，椰子织蛾成虫自受害株向周边转移扩散，成片的椰树遭受虫害，远远望去椰树一片焦枯。椰子织蛾自单株为害开始到成片椰树成灾需要 5—6 个月。

（四）防治

1. 物理防治

结合农事活动将遭受椰子织蛾危害严重的叶片砍掉并集中销毁，减少椰林中椰子织蛾虫口密度，从而减少田间虫源量，降低椰子织蛾后代数量。

2. 喷药防治

选用灭幼脲、印楝素、苦参碱、茚虫威，苏云金芽孢杆菌、NPV 病毒等环境友好型农药，按照农药使用说明稀释后，利用高压打药机喷洒在遭受椰子织蛾危害的叶片上，一定要保证叶片下面接触到药液才有效。每 10 天喷 1 次，连续 2—3 次。

3. 生物防治

目前国内发现的椰子织蛾寄生蜂有幼虫寄生蜂褐带卷蛾茧蜂、麦蛾柔茧蜂、蛹寄生蜂、周氏啮小蜂（海南种群）广大腿小蜂、金刚钻大腿小蜂。根据实践经验，释放天敌寄生蜂来防控椰子织蛾时，要在早期才能取得较好的控制效果，虫害较重时，建议先采取其他防治手段防控，后期再释放天敌寄生蜂，这样防治效果方能持久。

五、红脉穗螟

（一）危害识别

红脉穗螟成虫将卵产于佛焰苞基部缝隙处，初孵幼虫由此钻入花穗；开花结果期，成虫产卵于花梗、苞片、花瓣内侧等缝隙、皱褶处；果期，产卵于果蒂部；收果后还可产卵于心叶（箭叶）处，从而造成不同部位的伤害（图 8-55、图 8-56）。

图 8-55　受害花序（李朝绪　摄）

图 8-56　受害嫩果（李朝绪　摄）

（二）形态特征

成虫（图 8-57）：雌虫体 12mm 左右，翅展 23 ～ 26mm。前翅灰绿色，中脉、肘脉，臀脉和后缘具玫瑰红色鳞片。后翅橘黄色，M 脉缺，腹部背面橘黄色。腹面灰白色。雄虫体长 11mm 左右，翅展 21 ～ 25mm。

卵：椭圆形略扁，长 0.5 ～ 0.7mm，宽 0.4 ～ 0.5mm，表面有网状纹，初产时乳白色，后变为淡黄色至橘红色。

幼虫（图 8-58）：体长 18 ～ 23mm，灰褐色至灰黑色，头及前胸背板黑褐色，臀板黑褐色间黄褐色。腹足趾钩为双序环（臀足为三序横带）。

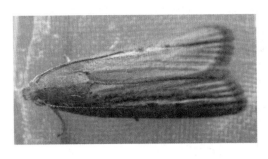
图 8-57 成虫（李朝绪 摄）

图 8-58 幼虫（李朝绪 摄）

蛹：长 9 ～ 14mm，棕黄色，背面密布黑色颗粒，沿背中线有一条明显的褐色纵脊。

（三）发生规律

红脉穗螟在田间世代重叠，各虫态常年可见。在自然变温条件下室内饲养结果，海南省兴隆地区 1 年发生 8 ～ 9 代，海南南部发生 10 ～ 12 代，没有明显的越冬或越夏现象。每年 7—9 月是红脉穗螟虫害高峰期。

（四）防治

1. 做好田间虫害监测工作

如发现被红脉穗螟幼虫危害的花穗和被蛀的果实，应及时消除，该措施对抑制红脉穗螟的发生有一定作用。

2. 加强农业管理

一是合理施肥灌水，增强树势，提高树体抵抗力；二是科学修剪，剪除病残花序，改善通风透光条件，结合清园，把园内的枯叶和枯穗、落果集中烧毁或堆埋。

3. 保护和利用天敌

减少化学杀虫剂的使用，可首选生物药剂，使生物药剂和天敌共同制约该害虫，常见的天敌有扁股小蜂、周氏啮小蜂、褐带卷蛾茧蜂和麦蛾柔茧蜂等。

4. 化学防治

在红脉穗螟幼虫发生高峰期用苏云金杆菌乳剂稀释 100 倍加 3% 苦楝油液喷雾或苏云金杆菌乳剂 100 倍加氯氰菊酯 10mg/kg 液喷雾。另外敌杀死和杀灭菊酯对红脉穗螟均有较高的药效，对花穗均无药害，且残效期长，建议使用浓度为敌杀死 6.25mg/L，杀灭菊酯 62.5mg/L。

第八章　椰林绿色防控技术

第三节 椰林有害生物防控系统

椰树植株高大，病虫害发生部位较高，且环境隐蔽，传统的植物保护技术在防治椰子病虫害时，经常出现病虫害发生严重时，才观测到病虫害危害，此时采取防治措施，有时能够及时挽回损失，大多数却没有明显的效果。

一方面，椰子植株高大，作为农民而言，拥有的椰树数量少，农户家中拥有的施药器械多用于防治粮食作物和蔬菜作物等矮小植株上的病虫害，施药器械对椰子等高大作物不适用。另一方面，一些重大病虫害如红棕象甲、芽腐病待观测到明显的症状时多已对受害植株造成了致命性的伤害。同时，目前居于农村从事农业经营多是年龄较高，文化水平较低，对病虫害识别能力不强的中老年农民，他们对椰子种植和病虫害的防控观念多依赖于多年来的经验；近年来给椰子产业造成重大影响的病虫害多是外来入侵生物如椰心叶甲、红棕象甲、椰子织蛾等，农民对新病虫害的认知度不高，无针对性的防控措施，因而当前的椰子病虫害防控主要依赖政府部门的统防统治，而统防统治受到政府资金投入、防治对象与防治范围限制的影响，椰林存在虫害大暴发的风险。

随着科技水平的提高，新产品、新技术、新装备不断应用于植保领域，使我们对病虫害监测与防控能力大幅提升，因而未来椰林有害生物防控系统必将发生新的突破，对病虫害的防控也有了新的飞跃，主要体现在以下几个方面。

一、生物防控系统

生物防控系统是椰子发展的重要保障。通过建立完善的病虫害预警机制、加强病虫害防治技术的研究和应用，可以有效控制病虫害对椰子的影响。同时，推广生物防治和绿色防控技术，减少化学农药的使用，有助于保护生态环境和产品质量。

未来农业生物防控系统是指利用生物学、生态学、遗传学等手段，通过研究和应用各种有益的微生物、昆虫、动物等，以保护农作物免受害虫、病菌危害的综合性农业生态系统。

（一）生物防控类型

1. 微生物防控

利用有益的微生物，如细菌、真菌、病毒等，对农作物进行防控。例如，通过施用有益的微生物制剂，可以抑制病原菌的生长和繁殖，从而减少病虫害的发生。

2. 昆虫防控

利用有益的昆虫，如天敌昆虫、寄生昆虫等，对农作物进行防控。例如，通过释放天敌昆虫或寄生昆虫，可以控制害虫的数量和危害程度，减少农药的使用量。

3. 动物防控

利用有益的动物，如鸟类、蝙蝠等，对农作物进行防控。例如，通过保护和利用有益的鸟类和蝙蝠，可以控制害虫的数量和危害程度，减少农药的使用量。

4. 生物多样性保护

在农业生态系统中保护生物多样性，包括农作物品种、有益的微生物、昆虫、动物等。通过保护生物多样性，可以增强农业生态系统的稳定性和抵抗力，减少病虫害的发生。

5. 综合防控

将上述各种生物防控手段进行综合应用，形成综合性的农业生物防控系统。例如，通过微生物防控和昆虫防控的结合应用，可以更加有效地控制病虫害的发生和传播。

（二）生物防控的意义

1. 提高生产效率

通过无人机和智能传感器等技术，可以及时监测农作物生长状态、土壤水分和营养状况等关键信息，帮助农民快速获取农田实时数据，准确决策，从而提高农业生产效率。

2. 降低生产成本

通过生物防控系统的应用，可以减少化学农药和化肥的使用，降低农业生产成本。此外，利用大数据分析和人工智能来优化农业管理和决策，可以减少资源浪费，提高资源利用效率，从而降低生产成本。

3. 提高产品质量和安全性

生物防控系统可以实时监测农作物的病虫害和有害环境因子，并及时采取措施，有效防控病虫害的发生。这有助于提高农产品的品质和安全性，减少农残和有害物质的残留。

4. 促进农业可持续发展

生物防控系统可以减少化学农药的使用，减少对土壤、水源和生态环境的污染和损害，有助于实现农业的可持续发展。

5. 提升市场竞争力

通过生物防控系统的应用，农产品的品质和安全性得到提升，农产品供应链的可追溯性也得到加强。这些都能够提高农产品的市场竞争力，满足消费者对高品质、安全、可追溯的农产品的需求。

6. 降低病虫害的抗药性

通过综合应用不同的生物防控技术，可以降低病虫害的抗药性，提高病虫害的防控效果。

7. 增加农民收入

通过减少农药的使用和保护生态环境，可以提高农产品的产量和品质，增加农民的收入。

综上所述，未来农业生物防控系统的应用将在提高农业生产效率、降低生产成本、提高产品质量和安全性、促进农业可持续发展以及提升市场竞争力等方面具有重要意义。

二、研发新的椰林病虫害监测预警技术

基于椰林生态环境现状，病虫害发生危害规律、物候学及病虫害特征等关键数据，建立椰子病虫害基础数据库，同时依靠大区域长时效要求的有害生物监测预警新技术和新装备。将椰林划分为不同的区块，充分利用无人机遥感、高灵敏度的孢子捕捉器等仪器设备，对椰林流行性、暴发性的有害生物的监测预警技术将更加精准。结合大数据、云计算等手段，采用空间分析、人工智能和模拟模型等手段和方法共同进行有害生物的预测预报。深入探索病虫害监测预警需求的先进检测、监测及信息化、数字化技术，提升远距离、高精度的监测预警技术，研发出新的椰林病虫害监测预警技术，提高对椰林病虫害的监测水平。

三、建立适应现代科技新发展的椰林植物保护新技术

随着生物技术、信息技术、新材料与先进制造技术的迅猛发展，传统植保与新兴学科交融，例如现代生命科学的发展，就产生了基因编辑、RNA 干扰纳米生物技术、免疫调节技术等新方法，必将激发产生植物保护新理论、新方法。基于椰林病虫防控的信息化、智能化、机械化的发展方向，研究椰林有害生物灾害大面积种群治理新理论；基于生物防治与生态调控的学科融合，创新有害生物生态调控策略、微生物农药效价提升理论、天敌产品货架期调控理论等；基于农民托管、合作社和政府统防统治等组织形式，完善"公共植保、绿色植保、科学植保"的中国特色农业病虫害防控新理论。在新方法方面，基于现代生命科学和信息科学等基础学科的新理论不断融入植物有害生物的检测、监测、预警与控制各个阶段，提升椰林有害生物的防控能力。

四、椰林有害生物防控新技术、新产品的规模化应用

为保障椰果质量安全，减少传统化学农药的残留，在未来新型有害生物灾害防控的技术和产品必然成为创新重点。依靠科技进步，革新病虫害持续控制技术，研究生物防治、植物免疫、信息素防控、理化诱杀、信息迷向及生态调控的新技术。使用绿色化学农药和生物农药，优化天敌工厂化扩繁技术，延长天敌昆虫货架期，研制 RNA 干扰剂、信息素诱控剂等新产品。充分利用针对害虫诱杀新型光源与应用技术、害虫化学通讯调控物质利用技术和害虫辐照不育技术，为椰林有害生物绿色治理提供技术和产品保障。

五、自动化、智能化的植物保护新装备、新系统

随着劳动力人口结构性变化，需要应用适合中国国情的专业化大中型现代植保机械，如大型自走式植保机械和仿形施药机械，植保无人机，病虫害图像与光谱识别技术，超低容量喷雾技术，实现变量喷雾与自动控制，提高农药利用率。装备中央处理芯片和各种各样传感器或无线通信系统的装置，实现在动态环境下通过电子信息技术逻辑运算传导传递发出适宜指令指挥植保机械完成正确动作，从而达到病虫害准确监测、精准对靶施药等植保工作智能化的目标，解决目前局部发病全田用药的难题。运用新型大中型及无人机等现代植保机械，精准对靶施药的人工智能装置，基于历史数据挖掘和智能化远程控制的植物保护作业系统等，提升病虫害防控的装备水平。

第八章　椰林绿色防控技术

参考文献

华南热带农业大学，1991. 热带作物病虫害防治学［M］. 北京：农业出版社.

农业部农垦局热带作物处，1989. 中国热带作物病虫图谱［M］. 北京：农业出版社.

孙程旭，等，2016. 椰子园管理与经营［M］. 海口：海南出版社.

孙玉梅，2016. 朝阳地区林业有害生物综合防控系统建设［J］. 防护林科技（03）：95-96.

谢木发，1999. 椰子芽腐病及防治. 广东园林（2）：40-41.

徐哲，2015. 基于 ZigBee 的人工林有害生物物理防控系统设计［D］. 北京：北京林业大学.

余慧婷，2022. 基于大数据的森林有害生物防控系统设计［J］. 软件，43（02）：41-44.

张礼生，刘文德，李方方，等，2019. 农作物有害生物防控：成就与展望［J］. 中国科学：生命科学，49（12）：1664-1678.

赵松林，等，2013. 椰子关键技术系列丛书［M］. 海口：海南出版社.

GOWDA P V，NAMBIAR K K N，2006. Antifungal Activity of Garlic（Allium sativum Linn.）Extracts on Thielaviopsis paradoxa（De Seynes）von Hohnel，the Pathogen of Stem Bleeding Disease of Coconut［J］. Journal of Plantation Crops，34（3）：472-475.

WARWICK D R N，PASSOS E E M，2009. Outbreak of stem bleeding in coconuts caused by Thielaviopsis paradoxa in Sergipe，Brazil［J］. Tropical Plant Pathology，34（3）：175-177.